U0386970

稀疏阵列天线雷达技术及其应用

李道京　侯颖妮　滕秀敏　李烈辰　著

科学出版社

北　京

内 容 简 介

稀疏阵列天线雷达技术是近年发展起来的一种用于对地成像和目标探测的新体制雷达技术,尤其适用于空间分辨率要求高、设备体积及质量约束条件多的工作环境。

本书共 8 章,首先阐述稀疏阵列天线雷达的概念,提出稀疏阵列天线优化设计和信号处理方法;然后针对机载和艇载平台,介绍稀疏阵列天线雷达在对地成像和运动目标探测方面的应用研究情况,给出部分暗室和实际数据的处理结果;最后讨论高度稀疏阵列孔径综合和对地成像处理方法。

本书适合雷达系统、雷达信号处理、微波成像和目标探测等领域科技人员参考使用,也可作为高等院校相关专业的教学和研究资料。

图书在版编目(CIP)数据

稀疏阵列天线雷达技术及其应用/李道京等著. —北京:科学出版社,2014

ISBN 978-7-03-039418-7

Ⅰ.①稀… Ⅱ.①李… Ⅲ.①阵列雷达-研究 Ⅳ.①TN959

中国版本图书馆 CIP 数据核字(2013)第 309934 号

责任编辑:牛宇锋 唐保军 / 责任校对:张凤琴
责任印制:吴兆东 / 封面设计:蓝正设计

科学出版社 出版
北京东黄城根北街 16 号
邮政编码:100717
http://www.sciencep.com

北京华宇信诺印刷有限公司印刷
科学出版社发行 各地新华书店经销

*

2014 年 6 月第 一 版 开本:720×1000 1/16
2024 年 9 月第四次印刷 印张:13
字数:243 000
定价:108.00元
(如有印装质量问题,我社负责调换)

作 者 简 介

李道京 男,研究员,博士研究生导师,1964 年 11 月出生。1986 年和 1991 年

在南京理工大学分别获通信与电子系统专业工学学士和硕士学位,2003 年在西北工业大学获电路与系统专业工学博士学位。1986 年参加工作后在中国兵器工业第 206 研究所从事地面防空雷达的研制工作,2003 年进入中国科学院电子学研究所通信与信息工程专业博士后流动站工作,2006 年出站后进入中国科学院电子学研究所微波成像技术重点实验室工作。主要研究方向为雷达系统和雷达信号处理,承担过国家自然科学基金、863计划、973 计划、国家重大科技专项等多个项目,已发表学术论文 90 余篇,曾获 2002年度国防科学技术三等奖一项,2002 年度中国兵器工业集团公司科学技术二等奖一项,2007 年度国家科学技术进步二等奖一项。

侯颖妮 女,高级工程师,1982 年 3 月出生。2004 年在西安理工大学获电子信息工程专业工学学士学位,2007 年在西北工业大学获信号与信息处理专业工学硕士学位,2010 年在中国科学院电子学研究所获信号与信息处理专业工学博士学位,

2010 年至今在南京电子技术研究所预先研究部工作,主要从事雷达成像与目标识别研究工作。

滕秀敏 女,工程师,1987 年 7 月出生。2009 年在中国科学技术大学获电子信息工程专业工学学士学位,2012 年在中国科学院电子学研究所获信号与信息处理专业工学硕士学位,主要研究方向为稀疏阵列天线雷达成像技术,同年进入数据通信科学技术研究所工作。曾参与国家自然科学基金、863 计划等多个项目。

李烈辰 男,博士研究生,1988 年 9 月出生。2010 年在中国农业大学获电子信息工程专业工学学士学位,同年进入中国科学院电子学研究所攻读信号与信息处理专业博士学位,主要研究方向为基于压缩感知的阵列天线雷达成像技术,参与国家自然科学基金等项目的研究工作。

前　言

稀疏阵列天线雷达是指利用在空间稀疏布设的多个子阵天线的孔径综合,通过空-时-频多维信号处理,以较少的设备量实现对地成像和运动目标探测的雷达系统。采用稀疏阵列天线,雷达可大幅度减少大尺寸阵列天线子阵及其对应的收发单元数量,这种技术尤其适用于空间分辨率要求高、设备体积重量约束条件多的工作环境,近年来的发展已得到高度关注。

本书是作者近年来在稀疏阵列天线雷达技术及其应用领域的研究的工作总结。考虑到目前与稀疏阵列天线雷达技术相关的书籍不多,本书在撰写过程中注意了对稀疏阵列天线雷达系统概念、稀疏阵列天线优化设计和信号处理方法的描述,以使读者能更好地了解相关技术;结合稀疏阵列天线雷达的特点,本书重点介绍了其在机载平台下视/侧视三维成像和运动目标探测、在艇载平台对地成像和运动目标探测方面的应用研究情况,以表明稀疏阵列天线雷达技术的应用潜力;考虑到雷达技术的不断发展,本书的研究工作引入了近年提出的压缩感知理论,并在艇载平台上考虑了稀疏阵列天线的共形布局问题;本书同时给出了部分暗室和实际数据的处理结果,以表明稀疏阵列天线雷达信号处理方法的有效性。

本书的主要内容由李道京、侯颖妮、滕秀敏、李烈辰负责撰写。李道京确定了稀疏阵列天线雷达技术的研究思路和本书内容,撰写了第1章和8.2节内容,并负责整理定稿;侯颖妮撰写了第2、第3、第4、第6章和5.3节内容;滕秀敏撰写了第5、第7章和3.4节内容;研究生李烈辰撰写了2.9节、7.5节和8.4节内容;研究生张清娟撰写了8.3节内容。研究生刘波、潘舟浩协助处理了本书部分实际数据,研究生田鹤协助整理了本书文稿,为本书作出了贡献,在此表示感谢。

在本书的撰写和研究过程中,作者得到了中国科学院电子学研究所的吴一戎院士、丁赤飚研究员、洪文研究员、朱敏慧研究员、王卫延研究员、尤红建研究员、向茂生研究员、种劲松研究员,西北工业大学的张麟兮教授、李南京博士,中国科学院空间科学与应用研究中心都莹高级工程师等领导和同志的指导、帮助和鼓励,在此向他们表示最诚挚的感谢!

本书的撰写和出版,得到国家自然科学基金"稀疏阵列天线孔径综合的理论与技术"(项目批准号:61271422)项目的资助,在此表示感谢。

　　稀疏阵列天线雷达技术是一种新体制雷达技术,还在不断完善和发展之中,限于作者水平,书中难免有不足之处,恳请读者批评指正。

作　者

2013 年 9 月

目　　录

第1章 概　　论

1.1　概念与内涵

稀疏阵列天线雷达是指利用在空间稀疏布设的多个子阵天线的孔径综合,通过空-时-频多维信号处理,以较少的设备量实现对地成像和运动目标探测的雷达系统。采用稀疏阵列天线,雷达可大幅度减少大尺寸阵列天线子阵及其对应的收发单元数量,这种技术尤其适用于空间分辨率要求高、设备体积重量约束条件多的工作环境。

孔径综合是指利用在空间优化稀疏布局的多个多发多收子阵天线,获得更小间隔的空间采样点并产生新的天线相位中心,通过在空间重排处理,使稀疏阵列天线相位中心的数量和分布情况与满阵天线相同,在获取全阵高空间分辨率天线波束的同时,避免产生栅瓣和较高的旁瓣。

在系统体制上,稀疏阵列天线雷达可看作是各子阵采用正交信号实现宽波束发射,工作在宽发窄收方式下的多发多收雷达系统;其全阵高空间分辨率波束形成中的孔径综合和窄波束接收,可看作是基于子阵级接收数字波束形成处理的。在系统组成上,稀疏阵列天线雷达主要由大型稀疏阵列天线和中央电子设备两大部分组成,其中稀疏阵列天线子阵由多个可两维电扫的有源相控子阵和空间布设机构组成。在应用方向上,稀疏阵列天线雷达不仅可用于地基平台,也可用于机载和艇载平台。

1.2　研 究 意 义

具有三维成像能力的雷达系统在国家基础测绘和战场侦察领域具有广阔的应用前景。常用的干涉合成孔径雷达(interferometric synthetic aperture radar, InSAR)通过交轨方向上两幅复图像的干涉相位来反演地物的高程,可生成三维数字高程模型(digital elevation model, DEM),但不具备地物高程上的分辨能力,只能称为2.5维成像系统。

在2004年的欧洲雷达年会上,Giret等[1]提出了机载下视毫米波三维合成孔径雷达(three-dimensional synthetic aperture radar, 3D-SAR)概念,它采用宽波束天线发射宽带信号,在交轨方向利用机翼上的多个连续均匀布设的子天线实施接收,在顺轨方向以合成孔径方式接收,其高程分辨率由发射信号带宽决定,顺轨方向分辨率由合成孔径长度决定,交轨方向分辨率由多个子天线构成的阵列天线的长度决定。由于 3D-SAR 的天线垂直指向地面,这种系统不仅可避开地物阴影的影响,小的入射角使合成孔径雷达(synthetic aperture radar,SAR)的发射功率也可较小,在城市基础测绘方面具有很好的应用前景。为此,2006 年德国 FGAN-FHR 即开展了低空无人机载毫米波下视三维成像雷达——三维成像和天底观测机载雷达(airborne radar for three-dimensional imaging and nadir observation,ARTINO)(3D-SAR)的研究工作[2,3]。

3D-SAR 的交轨分辨率都是由交轨天线的长度决定的,在高空作业中,为了获得足够高的交轨分辨率,就需要较长的交轨天线,由此会产生大量的子天线和接收通道,这使得其应用受到限制。为此,迫切需要采用稀疏阵列天线来降低系统的复杂性[4]。

平流层飞艇拥有巨大的空间和超长续航能力,可作为区域预警的重要平台。采用平流层飞艇为平台的雷达系统具有作用距离远、覆盖区域大的特点,可以实现全天候、长时间、稳定的大面积对地观测和运动目标探测。合成孔径雷达是利用雷达运动产生的空间虚拟孔径合成等效大孔径天线,实现较高的空间分辨率。飞艇悬浮驻留的特点,使其利用合成孔径雷达原理实现对地成像存在困难,但其巨大的体积,又为利用大尺寸天线雷达实现实孔径对地成像和运动目标探测提供了可能。

大尺寸的雷达天线为实现实孔径高分辨率成像创造了条件,但与之对应的大量天线单元和接收通道,使雷达系统的体积重量及复杂度增加。为覆盖足够的观测范围,天线波束需扫描或天线应具有同时多波束处理能力,这使得系统变得更为复杂。解决上述问题的一个途径就是考虑采用具有稀疏特点的阵列天线。

本书介绍的稀疏阵列天线雷达技术主要应用方向为机载/艇载稀疏阵列天线雷达对地成像和运动目标高分辨率探测,相关的研究工作对现代雷达技术的发展具有重要意义。

1.3　国内外研究现状

目前,稀疏阵列天线及其孔径综合技术在射电天文望远镜、地基/星载/机载成像辐射计和地基对空观测雷达[5~11]中已获得了广泛的应用。

稀疏阵列天线最为典型的应用是在综合孔径射电天文望远镜和综合孔径微波辐射计中,第二次世界大战后,大批退役雷达的军转民用,促进了射电天文技术的最初起步和发展。从 20 世纪 80 年代开始,射电天文望远镜中的孔径综合技术被引入到了对地观测的微波辐射计中,促使了综合孔径微波辐射计的诞生,有效地解决了天线尺寸和分辨率之间的矛盾,给微波辐射计带来了变革性的发展。比较有代表性的是美国航空航天局(National Aeronautics and Space Administration,

NASA)在 1988 年研制的首个机载一维综合孔径辐射计——电扫稀布阵辐射计 (electronically scanned thinned array radiometer,ESTAR),以及欧洲航天局土壤湿度和海洋盐度计划(Soil Moisture and Ocean Salinity,SMOS)的二维综合孔径辐射计——合成孔径微波成像辐射计(microwave imaging radiometer using aperture synthesis,MIRAS)。国内主要有中国科学院空间科学与应用研究中心研制并已投入使用的机载和星载微波辐射计。一维综合孔径射电天文望远镜和一维综合孔径微波辐射计都采用最小冗余线列阵,作为接收阵列,其空间分辨率由整个阵列尺寸决定,而且不存在稀疏阵旁瓣和积分旁瓣比较高的问题。这两者都采用干涉相关处理技术,要求目标信号空域不相关,这种情况下只适用于被动接收来自天体和地物的电磁辐射。

在地基空中运动目标探测雷达方面,20 世纪 70 年代末,法国国家航天局提出将综合脉冲与孔径雷达(synthetic impulse and aperture radar,SIAR)的概念用于米波地基对空观测雷达中,该雷达采用全向天线单元,发射和接收相互正交的信号,在接收端通过匹配滤波处理,综合形成窄脉冲和发射波束,采用数字波束形成(digital beam forming,DBF)技术实现多波束接收。为了提高测角分辨率,发射和接收阵列采用了稀疏阵,但阵列稀疏化同时带来旁瓣高的问题,需要采用综合处理的方式加以解决。国内西安电子科技大学在这方面做了较多的研究工作[7,8]。

在地基对空中运动目标成像的雷达中,文献[9]将阵列天线引入 L 型三天线干涉成像系统中,以改善三天线干涉对位于同一距离-多普勒单元散射点的分辨情况。将 L 型线阵扩展到面阵,并采用稀疏的二维面阵进行三维成像,在解决使用相互垂直天线阵列成像出现的散射点坐标配准问题的同时,可进一步提高成像性能。

在机载预警雷达地面运动目标探测方面,针对由于杂波谱在空域和时域存在耦合,用多普勒频移区分目标和杂波困难的问题,1973 年 Brennan 等在自适应阵列信号处理基础上提出了最优空时自适应处理(space time adapting processing,STAP)方法,该方法根据杂波的协方差矩阵构造空时二维滤波器,能够有效抑制杂波。相比满阵天线,稀疏阵列在获得相同空间分辨率情况下,具有降低系统代价的优势,但是稀疏阵列旁瓣较高的特性,使得基于稀疏阵列的空时自适应处理的性能低于使用满阵的性能。Ward[10]指出,进行杂波抑制所需的自由度由阵列配置方式决定,并给出了稀疏阵列杂波秩的上限和下限表达式。

在稀疏阵列天线雷达对地成像方面,德国提出的 ARTINO(3D-SAR)系统采用稀疏布置的阵列天线实现机载下视三维成像,其发射单元位于机翼交轨阵列两端,接收单元位于阵列中间,采用时分工作方式获得的虚拟满阵天线单元位于发射和接收单元位置中间,获得的相位中心数目为发射单元和接收单元的乘积。ARTINO 系统采用稀疏阵列实现数据获取,但是在成像时使用的还是虚拟满阵天线接收的数据。

由于稀疏阵列天线雷达一般采用正交信号(码分和频分信号)实现多发多收,故其也可归类为多输入输出(multi-input multi-output,MIMO)体制雷达[8]。为缓解稀疏阵列对成像的影响,2008 年 Klare 也探讨了频率分集和波形分集技术方案[5]。

2006 年,Donoho 提出了压缩感知(compressed sensing,CS)理论[12],该理论表明,当信号具有稀疏性时可以通过远少于传统方法的采样数据对信号进行恢复。采用压缩感知理论,可以改变传统的数据获取方式,在数据获取时可以稀疏采样方式直接实现压缩。压缩感知理论一经提出,就在图像处理、雷达成像、无线通信等领域受到了高度关注[13,14],国内外许多科研机构都针对其理论和应用开展了广泛的研究。

基于运动目标信号在空间域的稀疏性,国内的西安电子科技大学将压缩感知理论用于逆合成孔径雷达(inverse synthetic aperture radar,ISAR)对运动目标的超分辨成像,验证了其技术上的可行性并取得了显著的研究成果[15~19]。

雷达系统的阵列天线可看成是雷达实现空间采样的一种设备,当观测对象信号具有稀疏性时,稀疏阵列天线雷达在原理上应可使用压缩感知理论,此时其信号的稀疏性不仅可定义在空间域,也可定义在频域或变换域。

当稀疏阵列天线雷达用于运动目标探测时,由于静止杂波对消后,运动目标场景已具有稀疏性,这给基于压缩感知理论利用稀疏阵列实现运动目标高分辨率探测创造了有利条件。由此可见,研究压缩感知理论在稀疏阵列天线雷达中的应用问题具有重要意义。

近年来,中国科学院电子学研究所在对稀疏阵列进行优化设计的基础上,采用码分和频分正交信号,较为系统地研究了机载/艇载稀疏阵列天线雷达对地成像和运动目标高分辨率探测中的重要问题,已取得了一定的研究成果[20~43],其研究工作的基本思路如下:

在对地观测成像时,一方面利用稀疏阵多相位中心孔径综合,使综合后的相位中心数量和分布情况与满阵天线的相同,从而避免了稀疏阵栅瓣和旁瓣较高的问题,满足对地观测成像的使用要求;另一方面通过多孔径稀疏阵列的信号重构,使连续变化地物场景信号在频域具有窄带特性或变换域具有稀疏性,通过频域滤波处理或引入压缩感知理论直接使用稀疏阵列实现对地成像。

在运动目标探测成像时,一方面是将稀疏阵换成满阵利用空时自适应处理抑制杂波实现运动目标探测;另一方面是利用运动目标显示(moving target indication,MTI)处理抑制杂波,使观测场景中的运动目标信号具有稀疏性,将压缩感知理论引入稀疏阵列信号处理过程,根据稀疏阵列构型和脉冲压缩后的信号形式,构造基矩阵,并进一步实现运动目标探测成像。

1.4　本书的内容安排

本书是作者近年来在稀疏阵列天线雷达技术及其应用领域的研究工作总结，共 8 章，各章具体内容安排如下：

第 1 章为概论，主要介绍了稀疏阵列天线雷达的概念、研究意义、应用方向和研究现状。

第 2 章为稀疏阵列天线优化设计和信号处理方法，主要包括阵列天线形式、稀疏阵列天线设计、阵列孔径综合分析、信号波形分析、成像算法、杂波抑制方法、压缩感知理论、稀疏阵列天线雷达性能分析等内容，是本书的基础部分。

第 3 章为艇载稀疏阵列天线雷达对地成像和运动目标探测，艇载阵列天线构型包括稀疏线阵和共形稀疏阵列两种形式，采用多频正交信号形成多发多收的工作模式，在对地成像时给出了等效相位中心相位补偿和阵列误差补偿方法；在运动目标探测时，引入了压缩感知理论。

第 4 章为码分信号在稀疏阵列天线雷达中的应用，主要包括基于空时自适应处理(space time adapting processing，STAP)技术的机载顺轨稀疏阵列天线雷达运动目标探测，以及基于后向投影(back projection，BP)成像算法的艇载稀疏阵列天线雷达对静止目标成像和运动目标探测两部分内容。采用同频正交编码信号，实现多发多收，顺轨稀疏阵列天线雷达可以同时获得等效满阵的相位中心，有利于运动目标探测。

第 5 章为机载稀疏阵列天线雷达下视三维成像，主要包括单发多收系统成像处理、多发多收系统成像处理、稀疏重过航飞行成像处理三部分内容，系统地给出了实现下视三维成像的技术路线。

第 6 章为稀疏阵列天线暗室成像试验，主要包括阵列误差校正方法、孔径综合的成像结果和基于压缩感知理论的成像结果三部分内容。暗室数据的成像处理结果，表明了稀疏阵列天线雷达成像的可行性。

第 7 章为机载三孔径稀疏阵列毫米波 SAR 侧视三维成像，主要包括系统描述、交轨向阵列方向图分析、基于波数域算法的侧视三维成像和基于压缩感知的侧视三维成像处理。观测场景在高程方向具有稀疏性的特点，使压缩感知理论的应用成为可能。三孔径稀疏阵列是阵列天线的最小结构，三孔径稀疏阵列侧视 SAR 实际数据的处理结果，表明了稀疏阵列天线雷达的应用潜力。

第 8 章为高度稀疏阵列的孔径综合和对地成像处理，主要包括基于双波段信息的高度稀疏阵列天线孔径综合、基于连续场景的稀疏阵列 SAR 侧视三维成像和基于压缩感知的稀疏阵列 SAR 侧视三维成像。这部分研究工作表明，当观测场景连续变化，通过多孔径稀疏阵列的信号重构使信号具有稀疏性时，采用稀疏阵列天线有可能直接实现对地成像。

参 考 文 献

[1] Giret R, Jeuland H, Enert P. A study of 3D-SAR concept for a millimeter wave imaging radar onboard an UAV [C]. European Radar Conference, Amsterdam, 2004: 201-204.

[2] Wei M, Ender J, Peters O, et al. An airborne radar for three dimensional imaging and observation-technical realisation and status of ARTINO [C]. EUSAR, Dresden, Germany, 2006.

[3] Klare J, Wei M, Peters O, et al. ARTINO: A new high resolution 3D imaging radar system on an autonomous airborne platform[C]. IGARSS, Colorado, USA, 2006:3842-3845.

[4] Klare J, Cerutti-maori D, Brenner A, et al. Image quality analysis of the vibrating sparse MIMO antenna array of the airborne 3D imaging radar ARTINO[C]. IGARSS, Boston, USA, 2008:5310-5314.

[5] Klare J. Digital beamforming for a 3D MIMO SAR-improvements through frequency and waveform diversity[C]. IGARSS, 2008: 17-20.

[6] Markus P, Helmut S, Stephan D, et al. Imaging technologies and applications of microwave radiometry[C]. European Radar Conference 2004, Amsterdam, 2004:269-273.

[7] 保铮,张庆文. 一种新型的米波雷达——综合脉冲与孔径雷达[J]. 现代雷达,1995,2:1-13.

[8] Chen D F, Chen B X, Zhang S H. Muti-input muti-output radar and sparse array synthetic impulse and aperture radar. International Conference on Radar[C]. Shanghai, China, 2006: 28-31.

[9] Ma C, Yeo T S, Tan H S, et al. Three-dimensional isar imaging using a two-dimensional sparse antenna array[J]. IEEE Geoscience and Remote Sensing Letters, 2008, 5(3): 378-382.

[10] Ward J. Space-time adaptive processing with sparse antenna arrays[C]. The Thirty-Second Asilomar Conference on Signals, Systems & Computers, 1998: 1537-1541.

[11] 何子述,韩春林,刘波. MIMO 雷达及其技术特点分析[J]. 电子学报, 2005, 33(12A): 2241-2245.

[12] Donoho D L. Compressed sensing [J]. Transactions on Information Theory, 2006, 52(4): 1289-1306.

[13] Baraniuk R, Steeghs P. Compressive radar imaging[J]. IEEE Radar Conference, 2007, 5(2):128-133.

[14] Candès E J, Wakin M B. An introduction to compressive sampling[J]. IEEE Signal Processing Magazine, 2008,25(2):21-30.

[15] Xu G, Xing M D, Zhang L, et al. Bayesian inverse synthetic aperture radar imaging[J]. IEEE Geoscience and Remote Sensing Letters, 2011, 8(6): 1150-1154.

[16] Zhang L, Xing M D, Qiu C W, et al. Resolution enhancement for inversed synthetic aperture radar imaging under low SNR via improved compressive sensing[J]. IEEE Transac-

tions on Geoscience and Remote Sensing, 2010, 48(10): 3824-3838.

[17] Zhang L, Xing M D, Qiu C W, et al. Achieving Higher Resolution ISAR Imaging With Limited Pulses via Compressed Sampling [J]. IEEE Geoscience and Remote Sensing Letters, 2009, 6(3): 567-571.

[18] Zhang L, Qiao Z J, Xing M D, et al. High-resolution ISAR imaging with sparse stepped-frequency waveforms[J]. IEEE Transactions on Geoscience and Remote Sensing, 2011, 49 (11): 4630-4651.

[19] 张磊. 高分辨率 SAR/ISAR 成像及误差补偿技术研究[D]. 西安电子科技大学博士研究生学位论文, 2012.

[20] 侯颖妮, 李道京, 尹建凤, 等. 基于稀疏综合孔径天线的艇载成像雷达研究[J]. 电子学报, 2008, 36(12): 2377-2382.

[21] 侯颖妮, 李道京, 洪文, 等. 基于稀疏阵列和压缩感知理论的艇载雷达运动目标成像研究[J]. 自然科学进展, 2009, 19(10): 1110-1116.

[22] 侯颖妮, 李道京, 洪文. 基于稀疏阵列和码分信号的机载预警雷达 STAP 研究[J]. 航空学报, 2009, 30(4): 732-737.

[23] 侯颖妮, 李道京, 洪文. 稀疏阵时分多相位中心孔径综合及其应用[J]. 电子与信息学报, 2009, 31(4):798-802.

[24] 侯颖妮, 李道京, 洪文, 等. 稀疏阵列微波暗室成像实验研究[J]. 电子与信息学报. 2010, 32(9): 2258-2262.

[25] 侯颖妮. 基于稀疏阵列天线的雷达成像技术研究[D]. 中国科学院电子学研究所博士研究生学位论文, 2010.

[26] Hou Y N, Li D J, Yin J F, et al. Study on airship imaging radar based on aperture synthesis antenna[C]. EUSAR2008, Germany, 2008:1-4.

[27] Hou Y N, Li D J, Hong W. The thinned array time division multiple phase center aperture synthesis and application[C]. IGARSS 2008, USA, 2008: 25-28.

[28] Hou Y N, Li D J, Hong W. Airship radar imaging for stationary and moving targets based on thinned array and code division signal[C]. APSAR 2009, China, 2009: 622-625.

[29] Li D J, Hou Y N, Hong W. The sparse array aperture synthesis with space constraint[C]. EUSAR 2010, Germany, 2010:950-953.

[30] Li D J, Teng X M. Cross-track sparse flight simulation analysis for airborne sparse array downward-Looking 3D imaging radar[C]. IGARSS 2011, Canada,2011: 1686-1688.

[31] Teng X M, Li D J. Stationary targets imaging and moving targets detection based on airship conformal sparse array[C]. APSAR 2011, Korea, 2011:396-399.

[32] 滕秀敏, 李道京. 机载交轨稀疏阵列天线雷达的下视三维成像处理[J]. 电子与信息学报, 2012, 34(6): 1311-1317.

[33] 滕秀敏, 李道京. 艇载共形稀疏阵列天线雷达成像研究[J]. 电波科学学报, 2012,27(4): 644-649,659.

[34] Teng X M, Li D J, Li L C, et al. Cross-track three apertures millimeter wave SAR side-

looking three-dimensional Imaging [J]. Journal of Electronics (China), 2012, 29 (5): 375-382.

[35] 滕秀敏. 稀疏阵列天线在雷达成像和目标探测中的应用研究[D]. 中国科学院电子学研究所硕士研究生学位论文, 2012.

[36] 张清娟, 李道京, 李烈辰. 连续场景的稀疏阵列 SAR 侧视三维成像研究[J]. 电子与信息学报, 2013, 35 (5): 1097-1102.

[37] 张清娟. 交轨向多孔径 SAR 信号稀疏性分析和处理[D]. 中国科学院电子学研究所硕士研究生学位论文, 2013.

[38] 李烈辰, 李道京, 张清娟. 基于压缩感知的三基线毫米波合成孔径雷达侧视三维成像[J]. 电子与信息学报, 2013, 35(3): 552-558.

[39] Li L C, Li D J, Liu B, et al. Three-aperture inverse synthetic aperture radar moving targets imaging processing based on compressive sensing and sparse array [C]. 2012 IEEE International Symposium on Instrumentation and Control Technology Proceedings (ISICT 2012), London, UK, 2012: 210-214.

[40] Li L C, Li D J. Airship sparse array antenna radar performance analysis [C]. IGARSS 2013, Australia, 2013: 628-631.

[41] Zhang Q J, et al. Sparsity analysis of SAR signal and three-dimensional imaging of sparse array SAR[C]. IGARSS 2013, Australia, 2013: 891-894.

[42] Li D J, Li L C, Xi Y. Compressed sensing application for sparse array radar [C]. CoSeRa, Germany, 2013: A4.

[43] 李道京, 滕秀敏, 潘舟浩. 分布式位置和姿态测量系统的概念与应用方向[J]. 雷达学报, 2013, 2 (4): 400-405.

第 2 章 　 稀疏阵列天线优化设计和信号处理方法

2.1 　 引 　 　 言

　　将阵列天线应用于雷达成像系统,可以解决传统合成孔径雷达系统中的一些问题,如将阵列天线应用于星载雷达顺轨方向,可以解决高方位分辨率和宽测绘带成像之间的矛盾;将阵列天线应用于机载雷达交轨方向,实现下视三维成像,可以有效地解决传统 SAR 的阴影问题,并获得观测目标的三维信息;将阵列天线应用于机载雷达交轨方向,实现前视成像,可用于低能见度下飞机的起飞与着陆;将阵列天线用于运动目标检测和成像系统中,可以提高系统的杂波抑制性能,并可获得较高的瞬时空间分辨率,实现运动目标准确定位。

　　在上述应用中,尤其是在分辨率由阵列尺寸决定的雷达系统中,要实现较高的分辨率,就需要增加系统天线的数目,由此带来的是雷达系统的体积、重量和复杂度的增加,解决这一问题的途径就是采用具有稀疏特点的阵列天线。

　　最小冗余线列阵在射电天文望远镜和微波辐射计中获得了广泛的应用,由于具有较高的峰值旁瓣比和积分旁瓣比,不适合应用于雷达成像系统中。对旁瓣电平进行约束的稀疏阵,积分旁瓣比略高,稀疏率较低,用于实孔径雷达成像,降低系统复杂度的能力有限。

　　本章在阵列天线概念的基础上,对稀疏阵列天线设计中的有关问题进行了详细说明,介绍了孔径综合的基本概念,分析了现有的阵列稀疏化方法,给出基于模拟退火算法的稀疏阵列优化设计方法,探讨了几种构型的一维阵列和二维阵列孔径综合后的等效阵列。

　　为了在有限阵列长度上获得最高的成像分辨率,需采用基于多发多收的稀疏阵列形式,并使用正交信号。本章对频分和码分两种正交形式的雷达信号波形进行了分析,对本章所使用的信号处理基本算法进行了简单的介绍。结合一个示例,对稀疏阵列天线雷达的性能进行了分析。

2.2 　 阵列天线形式

2.2.1 　 均匀线列阵

　　均匀线列阵[1,2]如图 2.1 所示。

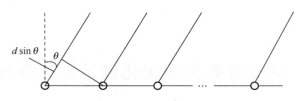

图 2.1　均匀线列阵示意图

对于由间距为 d 的 M 个全向单元组成的均匀线列阵，λ 为波长，θ 为信号入射角，两单元间波程差引起的相位差为 $\dfrac{2\pi}{\lambda}d\sin\theta$，阵列的导向矢量为

$$v(\theta)=\left[1,\mathrm{e}^{\mathrm{j}\frac{2\pi}{\lambda}d\sin\theta},\cdots,\mathrm{e}^{\mathrm{j}(M-1)\frac{2\pi}{\lambda}d\sin\theta}\right] \tag{2.1}$$

阵列的波束图定义为

$$B(\theta)=w^{\mathrm{H}}v(\theta) \tag{2.2}$$

其中，w 为阵列的权向量，$w=[w_0,w_1,\cdots,w_{M-1}]$。

当阵列均匀加权时，$w_i=1/M,i=0,1,\cdots,M-1$，阵列的波束图可写为

$$B(\theta)=\frac{1}{M}\frac{\sin\left(\dfrac{\pi M d}{\lambda}\sin\theta\right)}{\sin\left(\dfrac{\pi d}{\lambda}\sin\theta\right)} \tag{2.3}$$

当 $\dfrac{\pi d}{\lambda}\sin\theta=0,\pm\pi,\pm2\pi,\cdots,\pm n\pi$（$n$ 为整数）时，$B(\theta)$ 为最大值，在 $n=0$ 时的最大值为主瓣，n 为其他值时的最大值为栅瓣。

当 $\sin\theta=n\dfrac{\lambda}{Md}$，$\sin\theta\neq n\dfrac{\lambda}{d}$，$n=1,2,\cdots$ 时，$B(\theta)$ 为零，$B(\theta)$ 出现零点，第一零点出现在 $\sin\theta=\pm\dfrac{\lambda}{Md}$ 位置，第一对零点宽度近似为 $2\dfrac{\lambda}{Md}$，半功率主瓣宽度近似为 $\dfrac{\lambda}{Md}$。

如果将阵列的最大响应方向调整为 θ_0 方向，则阵列的权向量应设置为 $w=\dfrac{1}{M}\left[1,\mathrm{e}^{\mathrm{j}\frac{2\pi}{\lambda}d\sin\theta_0},\cdots,\mathrm{e}^{\mathrm{j}(M-1)\frac{2\pi}{\lambda}d\sin\theta_0}\right]$，此时阵列的波束图可写为

$$B(\theta,\theta_0)=\frac{1}{M}\frac{\sin\left[\dfrac{\pi M d}{\lambda}(\sin\theta-\sin\theta_0)\right]}{\sin\left[\dfrac{\pi d}{\lambda}(\sin\theta-\sin\theta_0)\right]},\quad -\frac{\pi}{2}\leqslant\theta\leqslant\frac{\pi}{2} \tag{2.4}$$

要保证整个可视区间 $-\dfrac{\pi}{2}\leqslant\theta\leqslant\dfrac{\pi}{2}$ 不出现栅瓣，需要

$$\frac{d}{\lambda} \leqslant \frac{1}{1+|\sin\theta_0|} \qquad (2.5)$$

如果阵列波束扫描角 $-\frac{\pi}{2} \leqslant \theta_0 \leqslant \frac{\pi}{2}$，要保证整个可视区间 $-\frac{\pi}{2} \leqslant \theta \leqslant \frac{\pi}{2}$ 不出现栅瓣，则需要 $\frac{d}{\lambda} \leqslant \frac{1}{2}$。

定义 $u=\sin\theta$，在 u 空间式(2.3)可以写成

$$B(u)=\frac{1}{M}\frac{\sin\left(\frac{\pi M d}{\lambda}u\right)}{\sin\left(\frac{\pi d}{\lambda}u\right)} \qquad (2.6)$$

2.2.2　二维平面阵

二维平面阵[1,2]如图 2.2 所示。

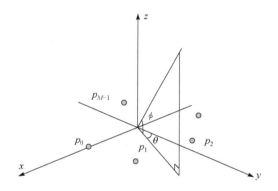

图 2.2　二维平面阵示意图

平面阵指的是所有阵列单元都位于同一平面内的阵列。由位于 $p_0,p_1,\cdots,$
p_{M-1}，位置的阵列单元组成的二维平面阵列，阵列的导向矢量为

$$V_K(k)=\begin{bmatrix} e^{jk^T p_0} \\ e^{jk^T p_1} \\ \vdots \\ e^{jk^T p_{M-1}} \end{bmatrix} \qquad (2.7)$$

其中，波数 k 为

$$k=\frac{2\pi}{\lambda}\begin{bmatrix} \cos\phi\sin\theta \\ \cos\phi\cos\theta \\ \sin\phi \end{bmatrix} \qquad (2.8)$$

二维阵列的波束图为

$$B(u_x, u_y) = \sum_{m=0}^{M-1} w_m \exp[jk_0(x_m u_x + y_m u_y)] \qquad (2.9)$$

其中，$u_x = \cos\phi\sin\theta$，$u_y = \cos\phi\cos\theta$，$k_0 = |k| = \dfrac{2\pi}{\lambda}$，$x_m$ 为第 m 个单元的 x 轴坐标，y_m 为第 m 个单元的 y 轴坐标。

2.2.3 最小冗余线列阵

最小冗余线列阵[3~5]定义为，在保证阵列单元间的位置差是连续的前提下，使相同的位置差尽可能少的一种线列阵，是一种典型的非均匀线列阵。如图 2.3 所示，4 个单元位于 1，2，5，7 位置，位置差组合从 0 到 6 至少存在 1 个。最优的最小冗余阵列是指在位置差集合中，除 0 以外，不存在相同的数。单元数大于 4 的最优最小冗余阵列是不存在的，因此构造出的为非最优阵列。

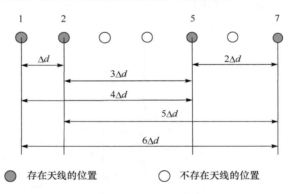

图 2.3　最小冗余线列阵示意图

最小冗余线列阵在射电天文望远镜和微波辐射计中都获得了广泛的应用，由于射电天文望远镜和微波辐射计都是被动接收观测对象的电磁辐射，接收信号为不相关信号，采用干涉测量技术，可获得不同基线组合的输出，空间分辨率由最长基线决定，其他基线的完整性决定了空间频率的完整覆盖。最小冗余阵列可以利用最少的单元，获得最长基线，同时保证其他基线的完整性。

阵列的稀疏化是一个涉及大量可能位置的选择问题，利用穷举法选择所有可能的位置组合仅仅对于小阵列是现实的。许多优化算法并不适合较大的阵列优化，因为它们容易陷入局部最优。模拟退火算法和遗传算法是阵列优化的最佳算法，对阵列大小没有限制，而且可以避免陷入局部解。Ruf[6]利用模拟退火算法，获得了低冗余度的阵列，给出了 30 个单元以内的优化结果。Camps 等[7]根据此类型已有稀疏阵列的特点介绍了一种构造方法，进一步给出了 37 个单元以内的优化结果,并且对部分已有的构型做了进一步扩展,降低了原有的冗余度。

设 M 为稀疏阵列的物理单元数目,l 为稀疏阵列形成的等效单元数目,定义阵列的稀疏率为

$$\eta = \left(1 - \frac{M}{l}\right) \times 100\% \tag{2.10}$$

表 2.1 为部分最小冗余线列阵的布置情况,可以看出当实际单元数目大于 11 时,稀疏率在 75% 以上。

表 2.1　最小冗余线列阵构型

单元数目	单元相对位置																		
4	1	2	5	7															
5	1	2	5	8	10														
6	1	2	3	7	11	14													
11	1	2	4	7	14	21	28	35	39	43									
12	1	3	6	13	20	27	34	41	45	49	50								
20	1	2	3	9	15	21	32	43	54	65	76	87	98	109	120	125	130	133	134	135
30	1	2	3	4	9	17	25	33	50	67	84	101	118	135	152	169	186	203	220
	237	254	263	272	273	282	291	292	293	294									
37	1	2	3	4	9	17	25	33	50	67	84	101	118	135	152	169	186	203	220
	237	254	271	288	305	322	339	356	373	382	391	392	401	410	411	412	413		

2.3　稀疏阵列天线设计

2.3.1　阵列天线基本概念

1. 等效相位中心

天线收发分置时,通过给接收信号补偿一个与波束指向位置有关的相位,可以等效为位于收发天线中间位置处的天线自发自收的信号,此等效天线的位置称为等效相位中心[8,9](或虚拟相位中心)。在合成孔径雷达系统中,接收等效相位中心的概念最初主要用于解决合成孔径雷达高方位分辨率与宽测绘带成像之间的矛盾[10~12],宽测绘带需要系统具有低的脉冲重复频率(pulse repetition frequency,PRF)以避免产生距离模糊,而高的方位分辨率需要系统具有高的 PRF 以避免方位向出现模糊。将接收阵划分成 M 个子阵,采用各子阵同时接收,可以在不降低方位分辨率情况下将系统的 PRF 降低 M 倍。等效相位中心如图 2.4 所示,T_x 表示发射子阵,R_x 表示接收子阵。

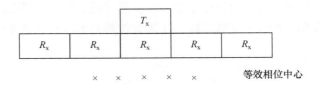

图 2.4　等效相位中心示意图

设发射子阵位于 (x_1,y_1)，接收子阵位于 (x_2,y_2)，则等效相位中心 (x_e,y_e) 位于

$$\begin{cases} x_e=\dfrac{x_1+x_2}{2} \\[2mm] y_e=\dfrac{y_1+y_2}{2} \end{cases} \qquad (2.11)$$

2. 孔径综合

孔径综合(aperture synthesis)概念来源于射电天文，指的是由多个较小的天线结构获得相当于大口径单天线所能取得的分辨率。在本章中指的是，阵列的多个等效相位中心组合成等效阵列。

3. 方位向分辨率

对于阵长为 L，间距为 d 的均匀线列阵，接收由 θ 方向的远场信号，相邻两接收子阵间的波程差为 $\dfrac{d}{\lambda}\sin\theta$，当收发双程都采用窄波束时，相邻两接收子阵间的波程差为 $\dfrac{2d}{\lambda}\sin\theta$，相当于子阵间隔扩大了 1 倍。

通常定义接收状态下的阵列空间分辨率为 $\dfrac{\lambda}{L}$，因此当收发双程都采用窄波束时，阵列法线方向的空间分辨率为

$$\rho_a=\frac{\lambda}{2L} \qquad (2.12)$$

4. 方位向不模糊区间

当阵列最大响应方向为阵列法线方向时，由式(2.3)可以看出，不出现栅瓣的范围是 $-\pi\leqslant\dfrac{\pi d}{\lambda}\sin\theta\leqslant\pi$，而在收发双程模式下，不出现栅瓣的范围是 $-\pi\leqslant\dfrac{2\pi d}{\lambda}\sin\theta\leqslant\pi$，因此方位向不模糊区间为

$$\theta = \left[-\arcsin\left(\frac{\lambda}{2d}\right), \arcsin\left(\frac{\lambda}{2d}\right) \right] \tag{2.13}$$

5. 子阵间的间距

当阵列最大响应方向为阵列法线方向时,由于系统工作在收发双程模式下,第一栅瓣出现在 $\pm\arcsin\left(\frac{\lambda}{2d}\right)$,天线的波束宽度约为 $\frac{\lambda}{D}$,D 为天线方位向尺寸,为了避免在波束覆盖范围内出现模糊,需要满足

$$\arcsin\left(\frac{\lambda}{2d}\right) \geqslant \frac{\lambda}{D} \tag{2.14}$$

采用子阵级阵列结构,一般子阵间距 $d \gg \lambda$,式(2.14)可写成

$$\frac{\lambda}{2d} \geqslant \frac{\lambda}{D} \tag{2.15}$$

为避免出现模糊,子阵间距

$$d \leqslant \frac{D}{2} \tag{2.16}$$

可知式(2.16)约束在物理上无法实现,但是当采用两个子阵同时接收时,根据接收等效相位中心原理,相位中心间隔为子阵物理间距的 1/2,因此子阵的间距可为

$$d = D \tag{2.17}$$

6. 阵列方向图

本章研究的阵列均为子阵级结构,在子阵内各辐射单元为全向单元,且间距为 1/2 个波长,根据方向图乘积原理[13],阵列方向图等于子阵方向图 $F_e(\theta)$ 与阵列因子 $F_a(\theta)$ 的乘积,为

$$F(\theta) = F_a(\theta) F_e(\theta) \tag{2.18}$$

其中,阵列因子的表达式和阵列波束图表达式相同。

假设线阵由 10 个等间距分布的子阵组成,每个子阵由 10 个间距为 1/2 个波长的辐射单元组成,子阵间距为子阵尺寸,在 $u(u = \sin\theta)$ 空间的子阵方向图,阵列因子与合成方向图如图 2.5~图 2.7 所示,合成方向图积分旁瓣比为 -9.6821dB,其中计算积分旁瓣比(integrated sidelobe ratio,ISLR)时采用方向图中所有旁瓣能量与过零点主瓣能量之比。

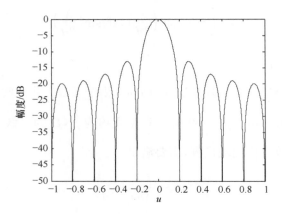

图 2.5   子阵方向图

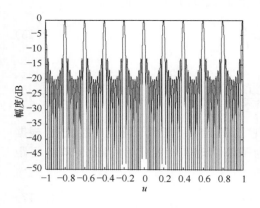

图 2.6   阵列因子

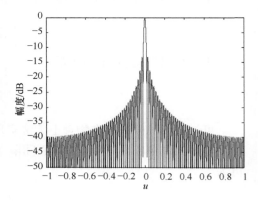

图 2.7   合成方向图

2.3.2   阵列天线稀疏化方案分析

在雷达成像中为了确保图像质量,不仅要求系统的脉冲有较低的峰值旁瓣比,而且要求有较低的积分旁瓣比。当采用实孔径成像时,为了获得较高的空间分辨率,需要采用较大尺寸的阵列天线,但带来的是系统的体积、重量及复杂度的增加,解决此问题的途径是对阵列进行稀疏化。下面分析四种阵列稀疏化方案,选择可以满足成像指标要求的阵列稀疏化方案。

1. 最小冗余线列阵

最小冗余线列阵是在保证基线组合完整性的基础上,以最大化基线长度为目标,没有对旁瓣电平提出要求,虽然稀疏率较高,但是具有较高的峰值旁瓣比和积分旁瓣比,不适合在目标成像中应用。

2. 对旁瓣电平有约束的稀疏阵

对旁瓣电平进行约束的稀疏阵[14,15]，具有代表性的是文献[14]中以降低阵列旁瓣高度为目标，采用遗传算法对阵列进行优化的稀疏阵，阵列的稀疏化是从均匀分布的栅格上抽取天线单元，从而得到比较低的旁瓣电平。其中，对于 200 个位置进行优化，获得低于－22dB 的旁瓣电平，稀疏率在 25% 以下，积分旁瓣比略高，稀疏率较低，不能解决满足成像指标要求和同时具有相当稀疏率之间的矛盾。

3. 方向图乘积降低稀疏阵栅瓣

文献[16]指出利用方向图乘积原理，使得阵列因子方向图的栅瓣落在密布子阵方向图主瓣区之外，可以使合成方向图栅瓣和旁瓣降低。下面分析阵列方向图相乘后合成方向图的变化情况。

情况 1：非周期结构的稀疏阵列。假设 5 子阵布置在 1,2,5,8,10 位置，每个子阵由 10 个间距为 1/2 倍波长的辐射单元组成，子阵最小间距等于子阵尺寸，阵列因子如图 2.8 所示，合成方向图如图 2.9 所示，积分旁瓣比为 2.2667dB。

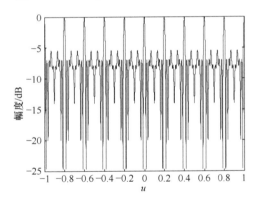
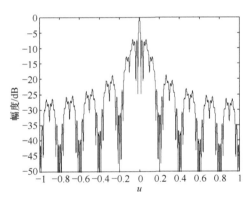

图 2.8　阵列因子　　　　　　　　图 2.9　合成方向图

情况 2：周期结构的稀疏阵列。假设均匀布置的 10 个子阵，每个子阵由 10 个间距为 1/2 倍波长的辐射单元组成，子阵间距为子阵尺寸的 2 倍，阵列因子如图 2.10 所示，合成方向图如图 2.11 所示，积分旁瓣 0.8246dB。

从图 2.9 可以看出，对于非周期结构的稀疏阵列，合成方向图的峰值旁瓣比和积分旁瓣比较高；从图 2.11 可以看出，对于周期结构的稀疏阵列，合成方向图的峰值旁瓣比和积分旁瓣比也较高。稀疏阵列采用方向图相乘，不能达到成像指标要求的峰值旁瓣比和积分旁瓣比。

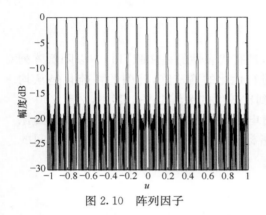

图 2.10　阵列因子

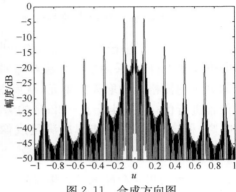

图 2.11　合成方向图

4. 能获得满阵相位中心的稀疏阵

由于在接收等效相位中心原理下可以产生新的相位中心,从而可以考虑优化稀疏阵列天线的位置,使各天线在多发多收条件下,所产生的相位中心分布情况和满阵天线相同时,采用的真实天线最少。这样获得的等效阵列的峰值旁瓣比、积分旁瓣比和满阵天线相同,可以避免稀疏阵列天线峰值旁瓣比和积分旁瓣比较高的问题。

2.3.3　基于模拟退火算法的稀疏阵列优化设计

确定稀疏阵单元最优位置,是一个多变量优化问题,模拟退火算法是一种启发式随机搜索算法,可以避免陷入局部最优解[6,17]。退火的概念最初是为了研究组合优化问题而提出的,是基于金属的退火过程与一般组合优化问题之间的相似性[18]。

固体从高温度到低温度冷却时,固体内部粒子由无序状渐趋有序,在每个温度都达到平衡态,最后在常温时达到基态,内能减为最小。在高温下以较大的概率接受与当前能量差较大的、能量高于现状态的新状态,而在低温下基本以较小的概率接受与当前能量差较大的、能量高于现状态的新状态,而且当温度趋于零时,就不能接受比当前状态能量高的新状态。

设优化后的阵列在 1 到 l 位置不等间隔地存在子阵,M 为子阵数目,P 为优化后 M 个子阵的位置向量 $P=[1,2,\cdots,l]_{1\times M}$,$J$ 为全 1 向量 $J=[1,1,\cdots,1]_{1\times M}$,则目标函数为 $\min(M)$,由于等效相位中心位于收发子阵的中间位置,约束条件为 1,1.5,2,$\cdots$,$l-0.5$,$l\in F(M)$。

$$F(M)=(P_{1\times M}{}^{\mathrm{T}}J_{1\times M}+J_{1\times M}{}^{\mathrm{T}}P_{1\times M})/2 \tag{2.19}$$

其中,$F(M)$ 是一个孔径综合周期获得所有相位中心的集合,由于 1/2 倍的阵列任意两单元位置之和需包含 $1,1.5,l-0.5,l$,可知阵列的 $1,2,l-1$ 和 l 位置存在物理子阵,这 4 个位置可作为固定常量不参加优化。P 为优化后各子阵的位置向量,同时考虑到线阵具有对称的特性,使向量 P 满足

$$\begin{cases} P(m)=a \\ P(M-m+1)=l-a+1 \end{cases} \tag{2.20}$$

其中,$3 \leqslant a \leqslant l-2, 3 \leqslant m \leqslant M-2$。获得的相位中心数目为 $2l-1$,相位中心间距为子阵最小间距的 $1/2$。

稀疏阵列天线多发多收获得的相位中心和目标满阵的相位中心数量差,可等效为退火内能,利用模拟退火算法进行天线优化的步骤如下:

设置退火初始温度 T,每个温度迭代的次数 Q,退火率 r,并且根据式(2.20)初始化稀疏阵列位置向量 P:

第 1 步　对 $n=1,2,\cdots,Q$,执行第 3~6 步;

第 2 步　根据式(2.20)随机改变阵列 2 个单元的位置得到新的阵列;

第 3 步　计算 $1/2$ 倍的当前阵列和新阵列任意两单元位置之和在 $1,1.5,2,\cdots,l-0.5,l$ 中缺失的数目 k_0 和 k;

第 4 步　如果 $k < k_0$,则接收新的阵列布局,如果 $k \geqslant k_0$,且 $e^{(k_0-k)/T} > x$ 也接受新的阵列布局,x 为 0 到 1 之间服从均匀分布的随机数;

第 5 步　如果满足终止条件 $k=0$,则输出当前阵列构型,结束程序;

第 6 步　T 以速率 r 逐渐下降,$T=rT$ 且 $T > 0.1$,然后转第 2 步。

应当指出的是,较高的温度对应着较高的概率接受较差的阵型。在优化的开始,温度变量可设置得足够高,因为高温度可以提供跳出局部最优的摄动,从而达到全局最优。随着优化的进行,温度逐渐降低,选择较差阵型的概率减小。

当温度降低到 0.1 以下,新阵列相对于当前阵列性能可以改善的概率将变得非常小,优化过程就可以终止。

当 $k=0$ 终止后,可以增大 l,重新开始优化,直到几次降低退火率仍然得不到满足条件的阵列构型为止,就选择已有的较优阵列构型,结束优化过程。

本章在接收等效相位中心基础上,采用模拟退火算法对子阵位置进行优化,使稀疏阵列在多发多收可获得等效满阵的相位中心时,需要的真实子阵最少,获得的目标阵列构型和文献[19]从图像合成的角度介绍的阵列构型相同。由于此类型阵列适合于主动工作方式的阵列,因此称为主动冗余线列阵。文献[19]利用计算机进行穷举搜索得到了 4~12 单元的阵列布局,接着根据已有阵列结构的特点得到13,14,22,27 和 31 单元的阵列布局。本章采用基于模拟退火算法的阵列天线优化方法,补充了已有的阵列构型,见表 2.2。在表 2.2 中,带"★"的表示新补充的阵列构型。

表2.2　主动冗余线列阵构型

单元数目	单元相对位置
4	1　2　4　5
5	1　2　4　6　7
6	1　2　4　6　8　9
7	1　2　3　6　9　10　11
8	1　2　4　5　10　11　13　14
9	1　2　3　6　9　12　15　16　17
10	1　2　4　5　10　12　17　18　20　21
11	1　4　5　10　12　14　19　20　22　23
12	1　2　4　6　7　14　15　22　23　25　27　28
13	1　2　4　5　10　12　17　22　24　29　30　32　33
14	1　2　4　5　10　12　17　21　26　28　33　34　36　37
15★	1　2　4　5　6　9　15　21　27　33　36　37　38　40　41
16★	1　2　4　5　6　9　15　21　27　33　39　42　43　44　46　47
17★	1　2　4　5　6　9　15　21　27　33　39　45　48　49　50　52　53
18★	1　2　4　5　6　9　15　21　27　33　39　45　51　54　55　56　58　59
19★	1　2　4　5　6　9　15　21　24　30　42　48　54　57　58　59　61　62
20★	1　2　4　5　6　9　15　21　27　33　42　54　60　63　64　65　67　68
21★	1　2　4　5　7　11　14　16　22　30　38　46　54　60　62　65　69　71　72　74　75
22	1　2　4　5　7　11　14　22　30　38　46　54　62　68　70　73　77　79　80　82　83
23★	1　2　3　6　8　12　13　15　21　29　37　45　53　61　69　75　77　78　82　84　87　88　89
24★	1　2　3　6　8　12　13　15　21　29　37　45　53　61　69　77　83　85　86　90　92　95　96　97
25★	1　2　3　6　8　12　13　15　21　29　37　45　53　61　69　77　85　91　93　94　98　100　103　104　105
26★	1　2　4　5　6　9　12　16　17　26　35　44　53　62　71　80　89　98　99　103　106　109　110　111　113　114
28★	1　2　4　5　6　9　12　16　17　26　35　44　53　62　71　80　89　98　107　116　117　121　124　127　128　129　131　132
40★	1　2　3　4　7　9　10　13　20　22　25　26　28　33　47　61　75　89　103　117　131　145　159　173　187　201　215　220　222　223　226　228　235　238　239　241　244　245　246　247

　　最小冗余线列阵要求阵列各单元位置差是连续的,本节讨论的线列阵要求阵列各单元位置之和是连续的。

当单元数目确定时,在以被动方式接收目标自身辐射信号的场合,最小冗余线列阵在保证基线组合完整性的基础上,以最大化基线长度为目标,设 l_{MRL} 为最小冗余线列阵的最远处单元相对位置,获得的基线组合数目(包含 0 基线)等于 l_{MRL};在以主动方式工作接收目标反射信号的场合,主动冗余线列阵在保证相位中心连续的基础上,以最大化基线长度为目标,获得的相位中心数目为 $2l-1$。从表 2.1 和表 2.2 可以看出,$2l-1$ 略大于 l_{MRL}。

2.3.4　稀疏阵列天线设计过程

2.3.3 节介绍了基于模拟退火算法的稀疏阵列天线优化方法,并给出了部分优化结果,下面对稀疏阵列天线设计的基本过程进行总结,当指标要求确定后,阵列天线设计的步骤如下:

(1) 确定雷达工作频率。

(2) 根据波束方位向幅宽要求确定子阵尺寸。

(3) 由于波束方位向幅宽由 λ/D 决定,因此需要根据方位向幅宽的要求来确定子阵的方位向尺寸。

(4) 根据方位向分辨率指标确定全阵尺寸。

(5) 由于系统方位向分辨率为 $\lambda/(2D)$,因此需要根据方位向分辨率指标确定全阵的尺寸。在全阵尺寸确定后,就可以计算出相应满阵需要的子阵数目。

(6) 根据优化结果确定子阵数目和位置。

(7) 采用最少的子阵,优化出和相应满阵孔径相等的稀疏阵,由优化结果确定子阵数目和位置。要说明的是,为了使真实子阵达到最高的利用率,应当将子阵数目固定,继续优化以获得孔径最大的阵列。

应当指出的是,由于优化后的阵列具有对称性,分别利用两端部分子阵发射全阵接收,也可以获得均匀分布的相位中心。例如,8 个子阵组成的稀疏线阵,分别利用两端 3 个子阵发射全阵接收,可以获得均匀分布的相位中心;28 个子阵组成的稀疏阵,分别利用两端 9 个子阵发射全阵接收,可以获得均匀分布的相位中心。在实际系统设计时,可以考虑利用此特点对系统进一步优化,如降低时分工作方式的孔径综合时间,减少使用的相位编码序列等。

2.4　阵列孔径综合分析

近年来,随着多通道阵列天线雷达的发展,在接收等效相位中心的概念下,通过选择不同的阵列构型多发多收,系统可以获得额外的相位中心,可以用来提高系统性能或者降低系统的复杂度。下面分析几种构型一维阵列和二维阵列在等效相位中心的概念下获得的等效阵列。

2.4.1　一维阵列孔径综合

下面分析均匀线列阵,收发共用的稀疏线列阵和收发分置的稀疏线列阵,在不同收发方式下,所产生的等效相位中心和对应的空间分辨率变化情况。

1. 均匀线阵列

从均匀线列阵单发多收和多发单收得到的等效相位中心(图 2.12)可以看出,对于由 M 个间距为 d 的子阵,组成阵长为 L 的均匀线列阵,当阵列单发多收或多发单收时,产生的相位中心数目为 M(去掉了重叠的相位中心),间距为 $d/2$,等效阵列长度为 $L/2$,阵列单发多收与多发单收得到的等效阵列是相同的。

从均匀线列阵多发多收得到的等效相位中心可以看出,对于由 M 个间距为 d 的子阵,组成阵长为 L 的均匀线列阵,当阵列多发多收时,产生的相位中心数目为 $2M-1$,间距为 $d/2$,等效阵列长度为 L。

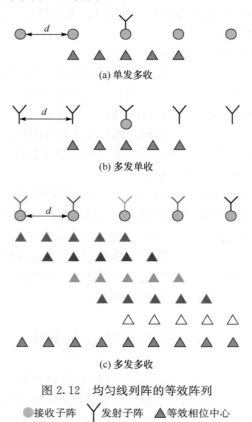

(a) 单发多收

(b) 多发单收

(c) 多发多收

图 2.12　均匀线列阵的等效阵列

●接收子阵　Y发射子阵　▲等效相位中心

2. 收发共用的稀疏阵列

对于由 M 个子阵,组成阵长为 L 的稀疏线阵,当阵列多发多收时(图 2.13),产生的相位中心数目为 $2L-1$,间距为 $d/2$,等效阵列长度为 L。

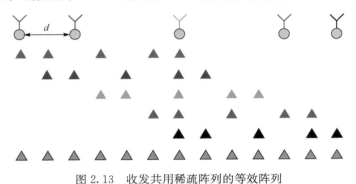

图 2.13　收发共用稀疏阵列的等效阵列

3. 收发分置的稀疏阵列

对于由 N 个间隔为 p 的发射子阵和 M 个间隔为 d 的接收子阵组成的线阵(图 2.14),满足 $d=Np$,等效阵列长度为 $L/2+(N-1)\cdot p/2$,产生的相位中心数目为 NM,间距为 $p/2$。若将发射子阵和接收子阵互换,所产生的相位中心数目和间距均不改变。

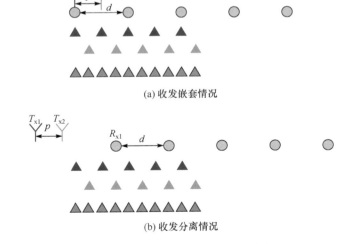

(a) 收发嵌套情况

(b) 收发分离情况

图 2.14　收发分置稀疏阵列的等效阵列

当 $p=d$ 时,等效阵列长度为 $L/2+(N-1)\cdot p/2$,产生的相位中心数目为

$M+N-1$,间距为 $p/2$。此时产生的等效相位中心数目较少。

假设 N 个发射阵位于 M 个接收阵两端,如图 2.15 所示,两端的发射阵间隔为 p。为了使获得的相位中心数目为 NM,发射和接收阵的位置需要满足

$$\frac{T_{Rn}+R_1}{2}-\frac{T_{Ln}+R_m}{2}=\frac{p}{2}$$

其物理含义为:左右两端阵列发射,中间阵列接收产生的相位中心不重合,而且所有相位中心分布均匀。由于 $R_1=-R_m$,$T_{Ln}=-T_{Rn}$,因此和接收阵相邻的发射阵位置需要满足 $T_{Rn}-R_m=p/2$。因此,对于 M 个接收阵位于中间,N 个发射阵位于两端的阵列构型,为了获得 NM 个间距为 $p/2$ 的相位中心,则两端发射阵间距应为 p,接收阵间距应为 $Np/2$,相邻的发射和接收阵间距应为 $p/2$。可以看出,FGAN-FHR 的 ARTINO 系统采用图 2.15 的布阵方式。表 2.3 为均匀线列阵,收发共用的稀疏阵以及收发分置的稀疏阵在不同收发方式下等效阵列比较情况。

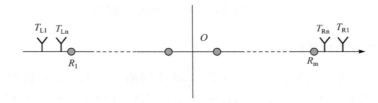

图 2.15　发射阵位于接收阵两端的阵列结构

表 2.3　等效阵列比较

阵列结构	收发方式	相位中心数目	相位中心间距	等效等列长度
均匀线列阵	单发多收	M	$d/2$	$L/2$
均匀线列阵	多发单收	M	$d/2$	$L/2$
均匀线列阵	多发多收	$2M-1$	$d/2$	L
收发共用的稀疏阵	多发多收	$2L-1$	$d/2$	L
收发分置的稀疏阵	多发多收	MN	$p/2$	$L/2+(N-1)\cdot p/2$

2.4.2　二维阵列孔径综合

下面分析二维阵列和通过多发多收孔径综合获得的等效阵列,以及孔径综合前后对应的阵列波束图的变化情况,其中阵列单元的间距为 1/2 个波长。

1. 十字阵列

由 13 个子阵组成的十字阵列(图 2.16),通过多发多收可以获得 61 个相位中心组成的等效面阵,相位中心间距为实际阵列的 1/2。

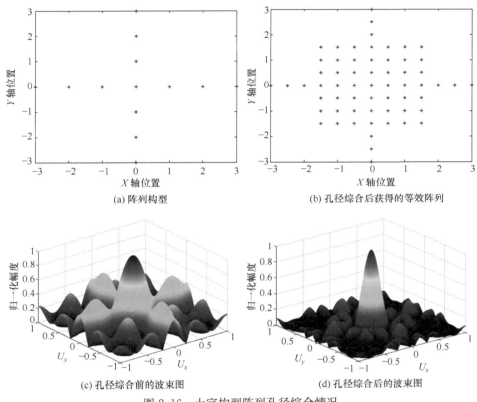

(a) 阵列构型　　　　　　　　(b) 孔径综合后获得的等效阵列

(c) 孔径综合前的波束图　　　　　(d) 孔径综合后的波束图

图 2.16　十字构型阵列孔径综合情况

2. 矩形边阵列

由 16 个子阵组成的矩形边阵列(图 2.17),通过多发多收孔径综合后可以获得 81 个相位中心组成的等效矩形面阵,相位中心间距为实际阵列的 1/2。

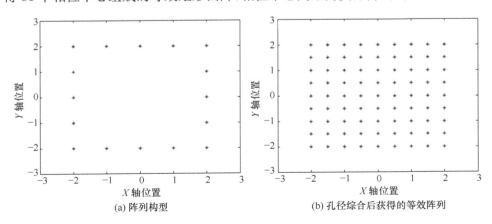

(a) 阵列构型　　　　　　　　(b) 孔径综合后获得的等效阵列

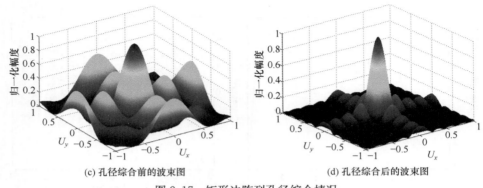

(c) 孔径综合前的波束图　　　　　　　　(d) 孔径综合后的波束图

图 2.17　矩形边阵列孔径综合情况

3. 奇数子阵圆环阵列

由 9 个子阵组成的圆环阵列(图 2.18)，通过多发多收孔径综合后可以获得 45 个相位中心组成的等效圆面阵。

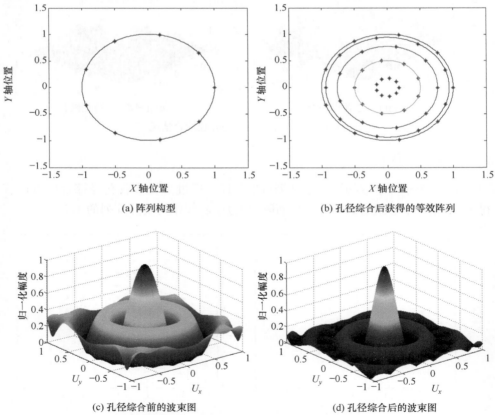

(a) 阵列构型　　　　　　　　　　(b) 孔径综合后获得的等效阵列

(c) 孔径综合前的波束图　　　　　　　　(d) 孔径综合后的波束图

图 2.18　奇数子阵圆环阵列孔径综合情况

4. 偶数子阵圆环阵列

由 10 个子阵组成的圆环阵列（图 2.19），通过多发多收孔径综合后可以获得
51 个相位中心组成的等效圆面阵。对于圆环阵，孔径综合后最多可以获得 C_M^2+
M 个相位中心。

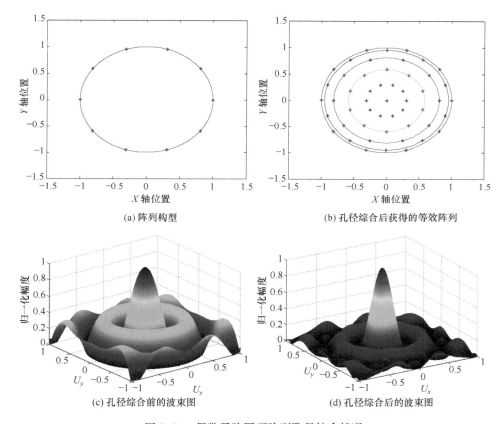

(a) 阵列构型

(b) 孔径综合后获得的等效阵列

(c) 孔径综合前的波束图

(d) 孔径综合后的波束图

图 2.19　偶数子阵圆环阵列孔径综合情况

从以上计算分析可以看出，孔径综合后获得的等效阵列波束图旁瓣较低，通过
合理布局设计的二维阵列，多发多收可以提高阵列利用率。

2.5　信号波形分析

对于一定尺寸的线列阵，为了获得最高的分辨率，需要使用正交信号进行多发
多收，本章采用频分正交信号和码分正交信号两种形式雷达信号波形。

雷达信号波形不仅决定了信号处理方法，而且直接影响系统的分辨率。目前

合成孔径成像雷达主要采用线性调频信号作为发射信号。当多子阵构成的阵列天线雷达工作在多发多收状态下,为了在接收端区分出不同天线发射的信号,则各天线发射的信号需要具有相互正交特性。采用频分正交信号,在同一个收发周期获得的不同中心频率信号对应的相位中心,不能进行相干处理,但是可以对不同收发周期获得的同一中心频率信号进行相干处理。采用同频码分正交信号,在同一个收发周期获得的所有相位中心,可以进行相干处理。码分正交信号在通信中已经获得了广泛的应用。下面对线性调频信号和相位编码信号的特性进行分析。

2.5.1 线性调频信号

线性调频信号的复数表达式为

$$s(t) = u(t) e^{j2\pi f_0 t} = \frac{1}{\sqrt{T}} \text{rect}\left(\frac{t}{T}\right) e^{j2\pi(f_0 t + \gamma t^2/2)} \tag{2.21}$$

信号的复包络为

$$u(t) = \frac{1}{\sqrt{T}} \text{rect}\left(\frac{t}{T}\right) e^{j\pi\gamma t^2} \tag{2.22}$$

线性调频信号的距离分辨率由信号带宽决定[20]

$$\rho_r = \frac{c}{2B} \tag{2.23}$$

其中,T 为脉冲宽度;$\gamma = B/T$ 为调频率;c 为光速;B 为信号带宽。

线性调频信号的优点是匹配滤波器对回波信号的多普勒不敏感,即使回波有较大的多普勒频移,原来的匹配滤波器仍然可以起到脉冲压缩的作用。

正交线性调频信号指的是信号频带不相互重叠的一组信号。

2.5.2 相位编码信号

相位编码信号[20~25]的复数表达式为

$$s(t) = a(t) e^{j\phi(t)} e^{j2\pi f_0 t} \tag{2.24}$$

信号的复包络为

$$u(t) = a(t) e^{j\phi(t)} \tag{2.25}$$

其中,$\phi(t)$ 为相位调制函数,对二相编码信号来说,$\phi(t)$ 只有 0 或 π 两个可能取值。可用二进制序列 $\{\phi_k = 0, \pi\}$ 表示,也可以用二进制序列 $\{c_k = e^{j\phi_k} = +1, -1\}$ 表示。

m 序列为典型的二相编码序列,由带线性反馈的移位寄存器产生的序列,并且具有最长的周期 $2^n - 1$,m 序列产生器如图 2.20 所示。

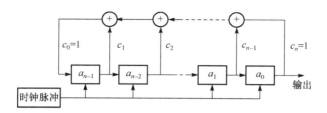

图 2.20　m 序列产生器

线性移位寄存器的反馈逻辑可用特征多项式来表示

$$f(x) = c_0 + c_1 x + \cdots + c_n x^n, \quad c_i \in \{0, 1\} \tag{2.26}$$

其中，c_i 表示移位寄存器的反馈连线，$c_i = 1$，表明第 i 级移位寄存器的输出与反馈网络的连线存在，否则表明连线不存在。

m 序列具有优良的自相关特性，但是互相关特性不是很好，互相关特性不理想使得多发多收时，码间干扰增大。

Gold 序列具有良好的自相关和互相关特性，适合在多发多收系统中使用，是 m 序列的复合码序列，它是由两个码长相等的 m 序列优选对的模 2 和序列构成，如图 2.21 所示。每改变两个 m 序列的相对位移就可得到一个新的 Gold 序列。序列周期为 $2^n - 1$，共有 $2^n + 1$ 个 Gold 序列。Gold 序列中 1 码元与 0 码元的个数之差为 1，为平衡码。

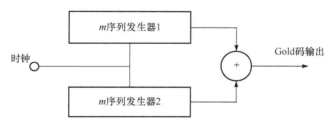

图 2.21　Gold 序列产生器

相位编码信号属于多普勒敏感信号，常用于目标多普勒变化范围较窄的情况，多普勒容限由子码宽度和码长决定，距离分辨率由子码宽度决定。多普勒容限为

$$f_{d\max} = \frac{1}{2PT_p} \tag{2.27}$$

距离分辨率为

$$\rho_r = \frac{cT_p}{2} \tag{2.28}$$

其中，P 为码长；T_p 为子码宽度。当目标的多普勒速度超过多普勒容限，不能被忽略时，就需要采用多路多普勒通道处理，对多普勒速度进行补偿[26]。

2.6　成　像　算　法

利用实孔径进行成像时,为了扩大观测范围,雷达采用子阵波束扫描的工作方式,因此要求成像算法可适用于不同扫描角的条件。距离徙动算法(range migration algorithm,RMA)[27]来自于地震信号处理,不受波束扫描角的限制,通过在频域插值实现距离徙动校正,不存在任何条件近似,是一种精确的成像算法。后向投影算法[27]来源于医学 X 射线断层扫描(X-ray computed tomography,CT)成像技术,是一种时域算法,通过时域相关叠加实现图像聚焦,同样是一种精确的成像算法,适用于任意阵型和任意扫描角。下面分别介绍这两种成像算法的基本原理和实现过程。

2.6.1　距离徙动算法

设 $p(t)$ 为雷达发射的信号,位于空间 (x,y) 域 (x_n,y_n) 的一组反射率为 σ_n 的目标回波信号为

$$s(t,u)=\sum_n \sigma_n p\left[t-\frac{2\sqrt{x_n^2+(y_n-u)^2}}{c}\right] \tag{2.29}$$

相对于快时间 t 的傅里叶变换(Fourier transform,FT)为

$$s(w,u)=P(w)\sum_n \sigma_n \exp[-j2k\sqrt{x_n^2+(y_n-u)^2}],\quad k=w/c \tag{2.30}$$

其中 $P(w)$ 为发射信号 $p(t)$ 的傅里叶变换,式(2.30)相对于方位向孔径 u 的傅里叶变换为

$$S(w,k_u)=P(w)\sum_n \sigma_n \exp(-j\sqrt{4k^2-k_u^2}x_n-jk_u y_n) \tag{2.31}$$

令

$$k_x(w,k_u)=\sqrt{4k^2-k_u^2},\quad k_y(w,k_u)=k_u \tag{2.32}$$

其中,k_x,k_y 为空间频域的变换,则式(2.31)可以写为

$$S(w,k_u)=P(w)\sum_n \sigma_n \exp(-jk_x x_n-jk_y y_n) \tag{2.33}$$

空域理想目标 $f_0(x,y)=\sum_n \sigma_n \delta(x-x_n,y-y_n)$ 的空间二维傅里叶变换为

$$F_0(k_x,k_y)=\sum_n \sigma_n \exp(-jk_x x_n-jk_y y_n) \tag{2.34}$$

可以通过快时间匹配滤波对目标进行重建

$$F[k_x,k_y]=P^*(w)S(w,k_u)$$
$$=|P(w)|^2\sum_n \sigma_n \exp(-jk_x x_n-jk_y y_n) \tag{2.35}$$

由于 $F[k_x,k_y]$ 为 k_x 域的带通信号,转换为低通信号后为

$$
\begin{aligned}
F_b[k_x, k_y] &= F[k_x, k_y] \exp(\mathrm{j}k_x X_c) \\
&= P^*(w) S(w, k_u) \exp(\mathrm{j}k_x X_c) \\
&= P^*(w) S(w, k_u) \exp(\mathrm{j}\sqrt{4k^2 - k_u^2} X_c)
\end{aligned} \tag{2.36}
$$

位于空间 $(x, y) = (X_c, 0)$ 处单个目标的回波信号为

$$
s_0(t, u) = p\left[t - \frac{2\sqrt{X_c^2 + u^2}}{c} \right] \tag{2.37}
$$

上式二维傅里叶变换为

$$
S_0(w, k_u) = P(w) \exp(-\mathrm{j}\sqrt{4k^2 - k_u^2} X_c) \tag{2.38}
$$

由式(2.33)和式(2.35)可以得到

$$
F_b[k_x, k_y] = S(w, k_u) S_0^*(w, k_u) \tag{2.39}
$$

因此,用二维参考信号,对空间测量信号的二维傅里叶变换进行二维匹配滤波,再通过二维逆傅里叶变换就可以重建空间目标。

由于从 (w, k_u) 域到 (k_x, k_y) 域的二维映射是非线性的,为了实现精确成像,应当对 $F_b[k_x, k_y]$ 重新进行插值,使在 (k_x, k_y) 域间隔均匀,然后再进行二维傅里叶逆变换(IFFT)。

RMA 实现主要有以下步骤:

(1) 通过二维 FFT 将信号变化到二维频域;

(2) 参考函数相乘;

(3) 在频域进行 Stolt 插值;

(4) 二维 IFFT 将信号转换到时域。

2.6.2 后向投影算法

设 $s(t, u)$ 为空间二维信号,位于空间 (x_j, y_j) 目标可以通过时域相关进行重建

$$
\begin{aligned}
f(x_i, y_j) &= \int_u \int_t s(t, u) p^*\left[t - \frac{2\sqrt{x_i^2 + (y_j - u)^2}}{c} \right] \mathrm{d}t \mathrm{d}u \\
&= \int_u \int_t s(t, u) p^*[t - t_{ij}(u)] \mathrm{d}t \mathrm{d}u
\end{aligned} \tag{2.40}
$$

其中, $t_{ij} = \dfrac{2\sqrt{x_i^2 + (y_j - u)^2}}{c}$ 为雷达位于 $(0, u)$ 时 (x_j, y_j) 处目标回波信号的往返延迟。

快时间和慢时间域 (t, u) 的二维积分转换成了对 (t, u) 的有效离散值的双重和。重建是对均匀栅格上空间域 (x, y) 的离散值 (x_j, y_j) 进行的。

对接收的信号进行快时间匹配滤波后为

$$
s_M(t, u) = s(t, u) \otimes p^*(-t) \tag{2.41}
$$

式(2.40)可以表示为

$$f(x_i, y_j) = \int_u s_M \left[\frac{2\sqrt{x_i^2 + (y_j - u)^2}}{c}, u \right] \mathrm{d}u = \int_u s_M[t_{ij}(u), u] \mathrm{d}u \quad (2.42)$$

为形成空间给定栅格点(x_j, y_j)处目标反射率函数,对于所有方位向采样位置u,可将与该点对应的快时间单元相干叠加。

2.7　杂波抑制方法

在运动目标探测中,运动目标通常处于杂波背景内,弱的目标信号将淹没在强杂波中,使得发现运动目标变得困难,因此实现杂波抑制是运动目标探测要解决的首要问题。传统陆基脉冲多普勒雷达利用运动目标的多普勒频移来区分运动目标和杂波,其 MTI 通常利用脉冲对消来完成。在机载和星载脉冲多普勒雷达中,雷达平台的运动使得地面静止杂波谱在空域和时域扩展,出现空时耦合现象,无法按照多普勒频移的不同来区分运动目标和杂波,然而利用 STAP 技术构造与杂波谱匹配的滤波器,可以有效地抑制杂波。下面分别介绍这两种杂波抑制方法。

2.7.1　脉冲对消杂波抑制方法

当目标和雷达相对静止时,不同脉冲重复周期的静止目标回波信号相同,最直观的方法是将相邻重复周期脉冲信号相减,可抵消掉静止目标回波信号,保留运动目标回波信号。两脉冲对消框图如图 2.22 所示。

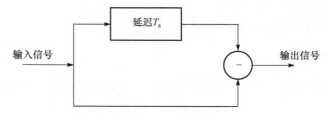

图 2.22　两脉冲对消框图

对消器的频率响应特性为[28]

$$H(\mathrm{j}\omega) = 1 - \mathrm{e}^{-\mathrm{j}\omega T_s} = 2\mathrm{e}^{\mathrm{j}\left(\frac{\pi}{2} - \frac{\omega T_s}{2}\right)} \sin\left(\frac{\omega T_s}{2}\right) = 2\mathrm{e}^{\mathrm{j}\left(\frac{\pi}{2} - \pi f T_s\right)} \sin(\pi f T_s) \quad (2.43)$$

对消器等效于一个梳状滤波器,其频率特性在 $f = n/T_s (n = 0, 1, 2, \cdots)$各点处均为零,$T_s$ 为回波信号出现的重复周期。杂波位于零多普勒频率处,可以被消掉。当运动目标的多普勒频率为脉冲重复频率的整数倍时,也将被消掉,此速度称为盲速,可以采用多频信号组合或参差脉冲重复频率解决盲速问题。

2.7.2　STAP 杂波抑制方法

空时自适应处理[29~31]通过构造与杂波谱相匹配的滤波器,可对空时耦合的杂波进行抑制,最优空时自适应处理原理如图2.23所示。

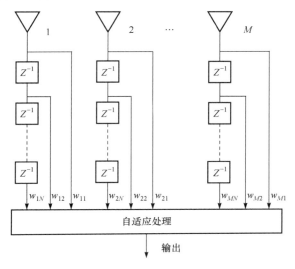

图 2.23　空时自适应处理框图

设阵列由 M 个子阵组成,相干脉冲数为 N,第 n 个脉冲时刻阵列接收的数据为

$$X_s(n) = [x_{1,n}, x_{2,n}, \cdots, x_{M,n}] \tag{2.44}$$

将 N 个相干脉冲获得的数据排成 $MN \times 1$ 的向量

$$X = [X_s(1), X_s(2), \cdots, X_s(N)]^T \tag{2.45}$$

在保证对目标信号的增益不变,杂波输出功率最小情况下,系统的最优权向量求解转化为带约束的最优化问题

$$\min W^T R W \qquad \text{s. t. } W^T S = 1 \tag{2.46}$$

其中,$R = E[XX^T]$ 为杂波的 $MN \times MN$ 维协方差矩阵,S 为信号的空时导向矢量

$$S = S_s \otimes S_t \tag{2.47}$$

其中,$S_s = [1, e^{jw_s}, \cdots, e^{j(M-1)w_s}]^T$,$S_t = [1, e^{jw_t}, \cdots, e^{j(M-1)w_t}]^T$,$\otimes$ 表示 Kronecker 积,w_s 和 w_t 表示空间与时间归一化频率。

由式(2.46)可得到空时二维最优处理器的权向量 W_{opt} 为

$$W_{\text{opt}} = \mu R^{-1} S \tag{2.48}$$

由于实际中的杂波特性是未知的,杂波的协方差矩阵可通过不同距离门的空时采样数据估计出

$$\hat{R} = \frac{1}{L} \sum_{l=1}^{L} X_l X_l^T \tag{2.49}$$

其中,L 为距离门数,X_l 为第 l 个距离门的空时采样数据。

最优处理对 $MN \times MN$ 维的杂波协方差距离进行估计和求逆,运算量为

$O[(MN)_3]$，当阵列规模较大时，计算量比较大，需要进行降维处理。

2.8　压缩感知理论

压缩感知理论[32~34]表明，当信号具有稀疏性或者可压缩性时可以通过远少于传统方法的采样数据对信号进行恢复，其理论已在图像处理、雷达成像领域得到广泛应用，故在稀疏阵列天线雷达中应用压缩感知理论具有现实意义。

2.8.1　信号可压缩性描述

对于一个长度有限的一维离散时间实信号 $x,x \in \mathbf{R}^N$。$\mathbf{R}^N$ 中的任意信号可以用 $N \times 1$ 维基向量 $\{\psi_i\}_{i=1}^N$ 表示。假设基是正交的，$\{\Psi_i\}$ 作为 $N \times N$ 维基矩阵 $\Psi = [\Psi_1, \Psi_2, \cdots, \Psi_N]$ 的列向量，一个信号 x 可以表示为

$$x = \sum_{i=1}^N \theta_i \psi_i \quad \text{或} \quad x = \Psi\theta \qquad (2.50)$$

式中，θ 为 $N \times 1$ 的系数向量。显然，x 和 θ 为信号在不同域的等效表示，x 在时域或空域，θ 在 Ψ 域。

如果信号 x 只是 K 个基向量的线性组合，则称信号 x 是 K 阶稀疏的，即用基表示信号中只有 K 个非零系数，另外 $N-K$ 是零系数。如果 $K \ll N$ 时，认为信号 x 是可压缩。

在数据获取系统中，变换编码起着重要的作用，首先，在高采样率下获得 N 点采样信号；然后，由 $\theta = \Psi^\mathrm{T} x$ 计算所有通过变换得到的系数 $\{\theta_i\}$；接着，确定 K 个大系数的位置，丢弃 $N-K$ 个小系数；最后，对 K 个大系数的值与位置进行编码。其中固有的不足有，即使 K 比较小，初始采样数 N 也应当足够大；即使除了 K 个系数外，其他系数都丢弃，也必须计算出所有变换系数；大系数的位置必须进行编码，引入额外操作。压缩感知通过直接获取压缩了的信号，不需要进行 N 个采样的中间过程。

2.8.2　测量矩阵和信号重建算法

考虑一般的线性测量过程，计算 x 和测量向量 $\{\phi_j\}_{j=1}^M$ 的内积，$M < N$，将观测量 y_j 排列成 $M \times 1$ 维向量 y，测量向量 ϕ_j^T 作为 $M \times N$ 维矩阵中的列向量，观测量可写成

$$y = \Phi x = \Phi\Psi\theta = \Theta\theta \qquad (2.51)$$

其中，$\Theta = \Phi\Psi$ 是 $M \times N$ 维矩阵。测量过程不是自适应的，意味着测量矩阵 Φ 是确定的，不依赖于信号 x。

接下来的问题就是：

（1）设计一个可靠的测量矩阵 Φ，将可压缩信号从 $x \in \mathbf{R}^N$ 到 $y \in \mathbf{R}^N$ 的降维，不会损失其重要的信息。

（2）设计从 $M \approx K$ 个观测量 y 中恢复 x 的重建算法。

测量矩阵 Φ 应当保证能够从 $M < N$ 的测量数据中重建长度为 N 的信号 x。由于 $M < N$，此问题似乎是病态的，然而，如果 x 是 K 阶稀疏的，并且 K 个非零系数在 θ 中的位置是已知的，只要 $M \geqslant K$，此问题就可以解。此问题能够解决的一个充分必要条件是，对于任意有 K 个非零系数 θ 的向量 v，有

$$1 - \varepsilon \leqslant \frac{\| \Theta v \|_2}{\| v \|_2} \leqslant 1 + \varepsilon, \quad \varepsilon > 0 \qquad (2.52)$$

也就是说，矩阵 Θ 必须保持这些 K 阶稀疏向量的长度。一般而言，K 个非零系数的位置是未知的。然而，对于 K 阶稀疏信号有可靠解的充分条件是满足约束等容性（restricted isometry property，RIP），即对于任意 $3K$ 阶稀疏向量 v，Θ 满足式（2.52）。

另一个相关的条件，称为不相关性（incoherence），要求 Φ 的行向量 $\{\phi_j\}$ 不能稀疏表示 Ψ 的列向量 $\{\psi_i\}$。通过选取测量矩阵 Φ 为一随机矩阵，能够以较大的概率得满足 RIP 和不相关性。

信号重建算法必须利用观测量 y，观测矩阵 Φ 和基 Ψ，重建长度为 N 的信号 x 或稀疏系数向量 θ。对于 K 阶稀疏信号，由于（2.51）式中 $M < N$，因此存在无限个 θ' 满足 $\Theta\theta' = y$。如果 $\Theta\theta' = y$，对于 Θ 的零空间 $\mathcal{N}(\Theta)$ 中的任意向量 r，有 $\Theta(\theta + r) = y$。因此，信号重建算法的目标就是在 $N - M$ 维转化的零空间 $\mathcal{H} = \mathcal{N}(\Theta) + \theta$ 中寻找信号的稀疏系数向量。

1. 最小 ℓ_2 范数重建

定义向量 θ 的 ℓ_p 范数为 $(\| \theta \|_p)^p = \sum_{i=1}^{N} | \theta_i |^p$。求解这类问题的传统方法就是通过求解式（2.53），在转化的零空间中寻找 ℓ_2 范数最小的向量。

$$\hat{\theta} = \arg \min \| \theta' \|_2 \quad \text{s.t.} \, \Theta\theta' = y \qquad (2.53)$$

这个优化有简单的闭合解 $\hat{\theta} = \Theta^{\mathrm{T}}(\Theta\Theta^{\mathrm{T}})^{-1} y$，但是通过 ℓ_2 范数最小化，几乎不能找到 K 阶稀疏解。

2. 最小 ℓ_0 范数重建

由于 ℓ_2 范数测量的是信号的能量而不是信号的稀疏度，考虑到 ℓ_0 范数计算的是 θ 中非零系数的个数，因此 K 阶稀疏向量的 ℓ_0 范数等于 K。

$$\hat{\theta} = \arg \min \| \theta' \|_0 \quad \text{s.t.} \, \Theta\theta' = y \qquad (2.54)$$

式（2.54）的求解过程计算量大且是不稳定的 NP 难问题。

3. 最小 ℓ_1 范数重建

基于 ℓ_1 范数的优化

$$\hat{\theta}=\arg\min\|\theta'\|_1 \quad \text{s. t.} \Theta\theta'=y \tag{2.55}$$

可以准确恢复 K 阶稀疏信号,而且可以只采用 $M\geqslant cK\lg(N/K)$ 个独立同分布的随机观测量,c 为常数。此问题是一个凸优化问题,可以容易地采用线性规划算法解决。

从雷达成像的角度讲,上述稀疏信号在广义上定义为距离向稀疏采样和方位向稀疏采样信号,与之相对应,本章中的稀疏阵列信号仅为方位向稀疏采样信号。

2.9　稀疏阵列天线雷达性能分析

传统意义上的密集阵列天线雷达的作用距离分析和计算方法较为成熟,由于天线阵列的布设方式不同,需对稀疏阵列天线雷达的性能进行分析。结合一个示例,本节对稀疏阵列天线雷达的对地面运动目标探测和实孔径成像的性能进行了分析。

2.9.1　雷达系统参数示例

示例稀疏阵列天线雷达系统拟采用具有 20 个子阵的主动冗余线阵列占据 68 个空间位置,每个子阵长 1m,全阵可达约 68m。详细的雷达系统参数见表 2.4,稀疏阵列及孔径综合情况如图 2.24 所示。

表 2.4　雷达系统参数

参数	数值	参数	数值
载频/Hz	15	脉冲宽度/μs	20
阵元数	20	天线效率/%	50
子阵尺寸/(m×m)	1×0.2	子阵发射带宽/MHz	5
系统损耗/dB	6	噪声系数/dB	3
子阵峰值功率/W	10	全阵峰值功率/W	20
脉冲重复频率 PRF/kHz	10	目标 RCS/m²	3
子阵波束宽度	1.37°×6.86°	稀疏阵列波束宽度	0.02°×6.86°
平台高度/km	20	占空比/%	20
雷达作用距离/km	30	地物后向散射系数/dB	−14
实孔径顺轨向分辨率/m	4.2	实孔径距离向分辨率/m	1.5

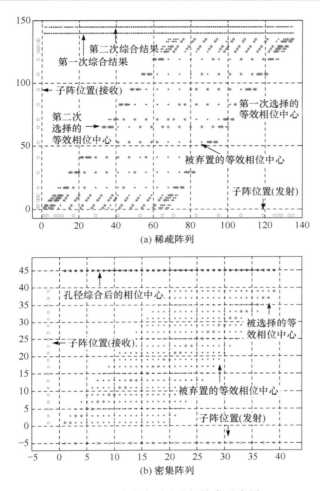

图 2.24　稀疏阵列及孔径综合示意图

2.9.2　信噪比分析

1. 地面运动目标探测模式

要获得良好的运动目标检测性能和成像质量,信噪比是非常重要的一项指标。根据雷达方程,单脉冲信噪比(signal-to-noise ratio,SNR)公式可表示为

$$\text{SNR} = \frac{P_t \sigma A_e^2 \tau}{4\pi R^4 \lambda^2 L k T_s F_n} \tag{2.56}$$

其中,玻尔兹曼常数 $k=1.38 \times 10^{-23}$ J/K; T_s 为常温,约 290K; A_e 为子阵有效孔径面积; P_t 代表平均功率; τ 代表脉冲宽度; L 为系统损耗; F_n 为噪声系数; λ 为波长; R 为雷达作用距离。

根据式（2.56），当单个子阵自发自收，实现宽发宽收时，子脉冲信噪比 $SNR_{ref1} = -13.3dB$。

当 1 个子阵发射，20 个子阵密集排布接收，采用接收 DBF 处理实现宽发窄收时，接收增益可提高 13dB，系统信噪比为

$$SNR_{ref2} = SNR_{ref1} \times 20 = -0.3dB \qquad (2.57)$$

参照图 2.24(b)，当使用 20 个子阵同时发射和接收信号时，等效阵列长度提升一倍，等效天线增益可提升 3dB，密集阵孔径综合后获得的系统信噪比为

$$SNR_{dense} = SNR_{ref2} \times 2 = 2.7dB \qquad (2.58)$$

根据图 2.24，稀疏阵列和密集阵列相比，稀疏阵列的等效长度提高了约 3 倍，稀疏阵列使用了 135 个等效相位中心，而密集阵列只是用了 39 个等效相位中心，稀疏阵孔径综合后获得的系统信噪比为

$$SNR'_{sparse} = SNR_{dense} \times (135/39) = 8.1dB \qquad (2.59)$$

对稀疏阵列一次孔径综合后，剩余的等效相位中心还可组成一个近似满阵的阵列，系统信噪比为

$$SNR_{sparse} \approx SNR'_{sparse} \times 2 = 11.1dB \qquad (2.60)$$

事实上，对密集阵列做孔径综合时，由于大多数等效相位中心被弃置，存在能量被严重浪费问题，故对密集阵列使用孔径综合并不合适。当密集阵列使用码分信号时，对不同的码分信号应直接使用相干积累，此时密集阵通过相干积累获得的系统信噪比为

$$SNR'_{dense} = SNR_{ref2} \times 20 = 12.7dB \qquad (2.61)$$

上述分析表明，在宽发窄收条件下，使用稀疏阵列获得的信噪比比密集阵列情况低 1.6dB 左右，可用于运动目标探测。

2. 实孔径成像模式

对于对地实孔径成像模式，信噪比公式可以表示为

$$SNR = \frac{P_t A_e^2 \sigma_0 \delta_r \tau}{4\pi R^3 \lambda L k T_s F_n L_a \sin\theta} \qquad (2.62)$$

其中，L_a 代表天线的顺轨向尺寸；σ_0 为地物后向散射系数；δ_r 为采用频分信号实现多发多收的合成带宽对应的距离向分辨率；A_e 为子阵有效孔径面积。将表 2.4 的参数代入式（2.62），可得实孔径成像的信噪比为 $SNR = 12.0dB$，满足对地成像的需要。

结合一示例进行的稀疏阵列天线雷达性能分析表明，在宽发窄收条件下，相比于密集阵列天线，稀疏阵列天线雷达在运动目标探测模式下的信噪比降低了 1.6dB 左右，但对应的空间分辨率提高了 3 倍，易于实现对地实孔径成像。

2.10　小　　结

本章对稀疏阵列天线雷达中的孔径综合、等效相位中心、方位向分辨率、子阵间的间距等概念进行了说明,给出了一种基于模拟退火算法的稀疏阵列优化方案,使各稀疏子阵在多发多收条件下,所产生的相位中心分布情况和满阵天线相同,从而可以避免稀疏阵列旁瓣和积分旁瓣比较高的问题,并给出了部分阵列优化结果。对线性调频信号和相位编码信号的波形进行了分析,同时简单介绍了目标成像算法,杂波抑制方法和压缩感知理论。最后结合一示例,分析了稀疏阵列天线雷达对地面运动目标探测和实孔径成像的性能。

本章介绍了稀疏阵列天线优化设计和信号处理方法,是本书的理论基础部分。

参 考 文 献

[1] Van T H. Optimum Array Processing[M]. New York: John Wiley & Sons, 2002.

[2] 王永良,陈辉,彭应宁,等. 空间谱估计理论与算法[M]. 北京:清华大学出版社,2004.

[3] Moffet A T. Minimum-redundancy linear arrays[J]. IEEE Transactions on Antennas and Propagation, 1968, 16(2):172-175.

[4] Ishiguro M. Minimum redundancy linear arrays for a large number of antennas[J]. Radio Science, 1980, 15(6): 1163-1170.

[5] Linebarger D A, Sudborough I H, Tollis I G. Difference bases and sparse sensor array[J]. IEEE Trans on Information Theory, 1993, 39(2): 716-721.

[6] Ruf C S. Numerical annealing of low-redundancy linear arrays[J]. IEEE Transactions on Antennas and Propagation, 1993,41(1): 85-90.

[7] Camps A, Cardama A, Infantes D. Synthesis of large low-redundancy linear arrays[J]. IEEE Transactions on Antennas and Propagation, 2002, 49(12): 1881-1883.

[8] Li Z, Bao Z, Wang H, et al. Performance improvement for constellation SAR using signal processing techniques[J]. IEEE Transactions on AES, 2006, 42(2): 436-452.

[9] 李真芳. 分布式小卫星 SAR-InSAR-GMTI 的处理方法[D]. 西安电子科技大学硕士研究生学位论文, 2006.

[10] Currie A, Brown M A. Wide-swath SAR [J]. IEEE Processing-F, 1992, 139 (2): 122-135.

[11] Suess M, Grafmueller B, Zahn R. A novel high resolution, wide swath SAR system[C]. IGARSS, Australia, 2001:1013-1015.

[12] Krieger G, Gebert N, Moreira A. Multidimensional waveform encoding: a new digital beamforming technique for synthetic aperture radar remote sensing[J]. IEEE Transactions on Geoscience and Remote Sensing, 2008, 46(1): 31-46.

[13] 王朴中,石长生. 天线原理 [M]. 北京:清华大学出版社,1993.

[14] Haupt R L. Thinned arrays using genetic algorithms[J]. IEEE Transactions on Antennas and Propagation，1994，40(7)：993-999.

[15] 王玲玲，方大纲. 运用遗传算法综合稀疏阵列[J]. 电子学报，2003，31(12A)：2135-2138.

[16] 杨明磊，陈伯孝，张守宏. 微波综合脉冲孔径雷达方向图综合研究[J]. 西安电子科技大学学报，2007，34(5)：738-742.

[17] Cornwel T J. A novel principle for optimization of the instantaneous Fourier plane coverage of correlation arrays[J]. IEEE Transactions on Antennas and Propagation，1988，36(8)：1165-1167.

[18] 将金山，何春雄，潘少华. 最优化计算方法[M]. 广州：华南理工大学出版社，2007.

[19] Hoctor T R, Kassam S A. Array redundancy for active line arrays[J]. IEEE Transactions on Imaging Processing，1996，5(7)：1179-1183.

[20] 林茂庸，柯有安. 雷达信号理论[M]. 北京：国防工业出版社，1981.

[21] 严春林. 相控序列的快速生成算法与实现及 Gold 序列搜索[D]. 电子科技大学硕士研究生学位论文，2001.

[22] 刘国岁，顾红，苏卫民. 随机信号雷达[M]. 北京：国防工业出版社，2005.

[23] Torrieri D. Principles of spread-spectrum communication system [M]. Boston：Springer，2005.

[24] 张明友，汪学刚. 雷达系统[M]. 北京：电子工业出版社，2006.

[25] 田日才. 扩频通信[M]. 北京：清华大学出版社，2007.

[26] Skolnik M. I. 雷达手册[M]. 王军，林强，等译. 北京：电子工业出版社，2003.

[27] Soumekh M. Synthetic aperture radar signal processing with MATLAB algorithms[M]. New York：Wiley-Interscience，1999.

[28] 丁鹭飞，耿富录. 雷达原理[M]. 西安：西安电子科技大学出版社，2002.

[29] Melvin W L. A STAP overview[J]. IEEE Aerospace and Electronic Systems Magazine，2004，19(1)：19-35.

[30] 王永良，彭应宁. 空时自适应信号处理[M]. 北京：清华大学出版社，2000.

[31] Klemm R. Space-time adaptive processing principle and applications[M]. London：The Institution of Electrical Engineers，1998.

[32] Donoho D L. Compressed sensing [J]. Transactions on Information Theory，2006，52(4)：1289-1306.

[33] Baraniuk R. Compressive sensing[J]. IEEE Signal Processing Magazine，2007，24(4)：118-124.

[34] Candes E J, Wakin M B. An introduction to compressive sampling[J]. IEEE Signal Processing Magazine，2008，25(2)：21-30.

第 3 章　艇载稀疏阵列天线雷达对地成像和运动目标探测

3.1　引　　言

平流层飞艇拥有巨大的体积和超长续航能力,可作为区域预警的重要平台。以平流层飞艇为平台的雷达系统具有作用距离远、覆盖区域大的特点,可以实现全天候、长时间、稳定的大面积对地成像和运动目标高分辨率探测。

合成孔径雷达是利用雷达运动产生的空间虚拟孔径合成等效大孔径天线,实现较高的空间分辨率。飞艇悬浮驻留的特点,使艇载雷达利用合成孔径原理实现对地成像存在困难,但其巨大的体积(如美国的高空飞艇(high altitude airship, HAA)[1] 长 152.4m,直径 48.7m)又为利用大尺寸天线实现实孔径对地成像和运动目标高分辨率探测提供了可能。

大尺寸的雷达天线为实现实孔径高分辨率成像创造了条件,但与之对应的大量天线单元和接收通道,使雷达系统的体积重量及复杂度增加。为覆盖足够的观测范围,天线波束需扫描或天线应具有同时多波束处理能力,这使得系统变得更为复杂,解决问题的一个途径就是考虑采用具有稀疏特点的阵列天线。

本章以平流层飞艇为工作平台,研究了艇载稀疏阵列天线雷达对地成像和运动目标高分辨率探测问题。

3.2　稀疏线阵天线雷达对地成像

3.2.1　收发方式设计

考虑到艇载雷达的应用条件,为减少系统的体积、质量,并获得较好的对地成像性能,一个工作在 X 波段的子阵天线采用相控扫描和固态发射,全阵为稀疏线阵布局的雷达系统应是一个合理的选择,其工作示意图如图 3.1 所示。

系统采用固态发射机时,由于子阵的发射功率较低,不利于提高系统的作用距离;而如果各子阵同时同频发射会产生干涉效应并引起系统的天线方向图畸变。为此,提出采用多频正交信号形成多发多收的工作模式,在保证发射功率的同时,通过信号频率拼接提高系统的距离分辨率。

系统具体的收发工作模式如图 3.2 所示,一个孔径综合周期由 M 个脉冲收发

图 3.1　　艇载稀疏阵列天线雷达对地成像工作示意图

周期组成。显然,在同一脉冲收发周期内,阵列各子阵发射的信号相互正交,同一子阵在不同脉冲下,所发射的信号也相互正交。

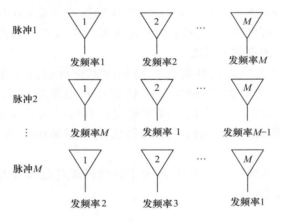

图 3.2　　系统收发工作模式

　　该模式实际上意味着孔径综合采用时分方式,并存在子阵数和脉冲重复周期之积决定的孔径综合周期,但飞艇悬停和低速运动的特点,使其具备应用条件。

　　优化后的稀疏阵列降低了系统复杂度,处理一个孔径周期内稀疏阵列接收的数据,可获得相当于满阵天线的数据,解决了传统稀疏阵列目标响应函数旁瓣较高的问题。

3.2.2　信号处理方法

　　本章拟采用 RMA 算法进行成像,由于 RMA 算法不仅要求方位向数据采样轨迹为直线,而且还要求采样均匀分布。由收发等效获得的相位中心数据,相位在一定程度上与均匀直线阵存在很大差异,因此,需要对等效相位中心进行相位补偿,获得相当于理想均匀采样的数据。

　　本章系统的信号处理包括:对基于等效相位中心原理接收的信号进行相位补偿,通过频率拼接合成宽带信号,子孔径成像处理,以及对系统阵列误差的处理。

1. 等效相位中心相位补偿

　　图 3.3 中的 x 为子阵排列方向,z 为垂直高度方向,y 为右手螺旋准则确定的方向,xy 平面为水平面,R,R_1,R_2 分别代表场景中心到不同子阵的斜距,地面场景中心位于 (x_0,y_0,z_0)。当位于坐标 $(-D/2,0,0)$ 处的子阵 A 发射,子阵 A 和位于坐标 $(D/2,0,0)$ 处的子阵 C 同时接收时,等效于子阵 A 和等效虚拟子阵 B 同时自发自收,当子阵间距为 D 时,等效子阵间距为 $D/2$。

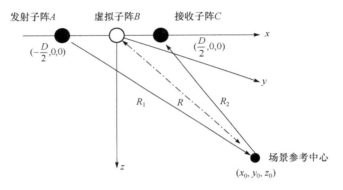

图 3.3　接收等效相位中心原理

　　由等效相位中心原理得到的虚拟子阵 B 与位于此处的真实子阵的相位差为

$$\Delta\varphi=\frac{2\pi}{\lambda}(R_1+R_2)-\frac{4\pi}{\lambda}R$$
$$=\frac{2\pi}{\lambda}\left[\sqrt{(x_0+D/2)^2+y_0^2+z_0^2}+\sqrt{(x_0-D/2)^2+y_0^2+z_0^2}\right]-\frac{4\pi}{\lambda}\sqrt{x_0^2+y_0^2+z_0^2}$$

$$(3.1)$$

其中,λ 为雷达工作波长,令 $r^2=y_0^2+z_0^2$,则式(3.1)可写成

$$\Delta\varphi\approx\frac{2\pi}{\lambda}\left[r+\frac{(x_0+D/2)^2}{2r}+r+\frac{(x_0-D/2)^2}{2r}\right]-\frac{4\pi}{\lambda}\left(r+\frac{x_0^2}{2r}\right)=\frac{\pi D^2}{2r\lambda} \quad (3.2)$$

　　当 D 较小,或 r 足够大时,$\Delta\varphi\approx0$,当不满足此条件时就需对子阵 C 接收信号补偿相位 $-\Delta\varphi$,使补偿后等效于虚拟子阵 B 自发自收。

2. 数据选取准则

　　由 M 个子阵组成的稀疏阵列,孔径大小和 N 个子阵组成的满阵天线相同时,对于一个中心频率信号,一个孔径综合周期可以获得 M^2 组数据,然而成像时只采用 $2N-1$ 组数据,因此,需要对如何选取一组最优的数据进行讨论。

从式(3.2)可以看出,所补偿相位的大小与真实收发单元的间距平方成正比,由于在相位补偿中是以场景中的一点(如场景中心)为参考,对整个场景内的所有目标回波进行补偿,因此,只有参考点处是精确补偿的,为了减小场景其他位置的补偿误差,采用的数据选取准则为:对于各相位中心,保留收发单元距离最短时获得的数据。

例如,对于某真实子阵所在位置处,就有可能同时存在其他两个位置的收发产生的等效相位中心和自发自收的相位中心,此时根据数据选取准则就保留自发自收时的数据,显然,真实子阵的接收数据相对整个场景内的目标都不存在误差。

3. 宽带信号合成

为了保证发射功率,系统采用多频正交信号形成多发多收的工作模式,需要对同一相位中心处的各正交信号进行频率拼接以合成宽带信号,提高距离分辨率。

假设子阵发射信号为线性调频脉冲信号,通过合理设计,可使多频正交信号的频率间隔和子脉冲信号带宽相等,各子脉冲信号的中心频率为[2,3]

$$f_k(k) = f_0 + \left(k - \frac{1}{2} - \frac{M}{2}\right)B_s, \quad k = 1, 2, \cdots, M \tag{3.3}$$

其中,k 为脉冲序号;B_s 为子脉冲信号带宽;f_0 为系统的中心频率。

发射的各子脉冲信号为

$$s_k(t) = \text{rect}\left(\frac{t}{T_p}\right)\exp\left[j(2\pi f_k t + \pi\gamma t^2)\right] \tag{3.4}$$

其中,$\gamma = B_s/T_p$。以满足合成信号带宽的采样率进行采样,接收信号经频率为 f_0 的信号混频后,各中心频率分别为 $-\frac{M-1}{2}B_s$,$-\frac{M-3}{2}B_s$,$\cdots$,$\frac{M-3}{2}B_s$,$\frac{M-1}{2}B_s$。

为了使合成宽脉冲信号的相位具有连续性,需要给每个子脉冲补偿一个初始相位

$$\varphi_k = \exp\left[j\pi\gamma T_p^2\left(k - \frac{1}{2} - \frac{M}{2}\right)^2\right] \tag{3.5}$$

对不同时刻获得的不同中心频率的线性调频子脉冲信号相位补偿后,再进行时移处理,时移量为

$$\Delta t(k) = \left(k - \frac{1}{2} - \frac{M}{2}\right)T_p \tag{3.6}$$

其中,$\Delta t(k) < 0$ 进行左移,$\Delta t(k) > 0$ 进行右移;T_p 为子脉冲宽度。将时移后的各信号进行相加,就可合成带宽为 MB_s、时宽为 MT_p 的线性调频脉冲信号。

在本章工作方式下,每子阵实际上是在同一空间位置的不同时刻发射接收了多频正交信号,其宽带信号合成处理较为简单。

4. 成像处理

对于稀疏阵列接收数据,经过等效相位中心的相位补偿、宽带信号合成和孔径综合处理后,可等同为一满阵天线获取的宽带信号。此时,基于稀疏阵列形成的等效孔径和传统的合成孔径具有等效性,该信号可采用合成孔径雷达常用的成像算法进行处理。信号处理流程如图 3.4 所示。

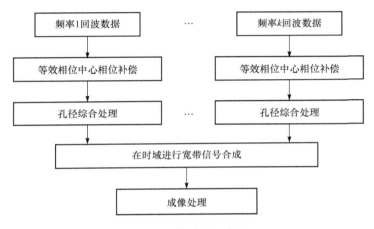

图 3.4　信号处理流程

考虑到稀疏阵列远小于波束宽度决定的场景尺寸,同时具有大扫描角(等同于SAR 的斜视角)的特点,其成像处理可利用基于子孔径数据的 RMA[4,5]算法完成。

采用子孔径成像处理时的方位分辨率为

$$\rho_a = \frac{\lambda R}{2L\cos\theta} \tag{3.7}$$

其中,L 为稀疏阵列天线长度;θ 为天线波束扫描角。

5. 阵列误差补偿

由于整个阵列天线尺寸较大,稀疏阵列天线在空中的形变是难以避免的,研究阵列位置误差的补偿方法,以增强系统的实用性是必要的。

假定在艇载环境下整个阵列会产生低阶形变,而阵列位置误差可以利用设置在每个子阵上的测量装置测出,对测量值进行多项式拟合,可估计出整个天线的形变情况,然后利用估计出的阵列形变值在成像过程对误差进行补偿,从而减小阵列位置误差对成像的影响。

阵列位置误差补偿分为两步进行:

第1步是在等效相位中心相位补偿中进行,以图3.3为例,设阵列在水平面y方向存在形变,$\Delta y_t, \Delta y_r, \Delta y_e$分别为真实发射子阵处、真实接收子阵处、等效接收子阵处的阵列形变拟合值,则在阵列误差存在情况下等效相位中心处所需补偿的相位为

$$\Delta\varphi=\frac{2\pi}{\lambda}\Big[\sqrt{(x_0+D/2)^2+(y_0+\Delta y_t)^2+z_0^2}+\sqrt{(x_0-D/2)^2+(y_0+\Delta y_r)^2+z_0^2}\Big]$$
$$-\frac{4\pi}{\lambda}\sqrt{x_0^2+(y_0+\Delta y_e)^2+z_0^2} \tag{3.8}$$

当接收的信号经过式(3.8)进行相位补偿后,就可以认为是满阵天线在阵列误差存在时接收的信号。

第2步是在第1步基础上,对由于子阵位置误差造成的接收回波超前或滞后的相位进行补偿,Δy_i为孔径综合后阵列的第i个相位中心处的形变拟合值,则对此相位中心处的信号补偿相位应为

$$\Delta\varphi_i=-\frac{4\pi}{\lambda}\Big\{\sqrt{[x_0+d(i-N)]^2+y_0^2+z_0^2}-\sqrt{[x_0+d(i-N)]^2+(y_0+\Delta y_i)^2+z_0^2}\Big\} \tag{3.9}$$

其中,$i=1,2,\cdots,2N-1$,这样,就补偿了由于子阵位置误差造成的相位误差,使得补偿后的信号相当于是由直线阵接收的信号。

对于曲线拟合后的剩余误差,可以采用合成孔径雷达常用的相位梯度自聚焦(phase gradient autofocus,PGA)[6]算法,进一步完成方位向图像的聚焦处理。此时,可用聚焦深度划分系统的处理幅宽。

6. 平台运动补偿

当平台静止时,稀疏阵列采用时分工作方式可获得等效满阵的相位中心,如果当平台处于运动情况下,对于地面静止目标,时分方式就不能获得理想的等效满阵的相位中心,因此当平台运动时,直接采用时分工作方式对静止目标成像还存在一定的问题。

由于平台运动速度可以测量出,平台运动所引入的相位误差也可以估计出,因此可以根据速度测量值对成像前数据进行运动误差相位补偿,解决平台运动对时分工作方式成像的影响。

设飞艇沿x轴运动速度为V,m_t,m_r分别为发射子阵和接收子阵的初始位置,$m_e=(m_t+m_r)/2$为等效接收子阵的位置,则对在第i个脉冲时刻获得的相位中心所补偿的相位为

$$\Delta\varphi=\frac{2\pi}{\lambda}\Big[\sqrt{(x_0+m_t+\Delta x_i)^2+y_0^2+z_0^2}+\sqrt{(x_0+m_r+\Delta x_i)^2+y_0^2+z_0^2}\Big]$$

$$-\frac{4\pi}{\lambda}\sqrt{(x_0+m_e)^2+y_0{}^2+z_0^2} \tag{3.10}$$

其中，$\Delta x_i = \dfrac{V}{\mathrm{PRF}}(i-1)$，$i=1,2,\cdots,M$。不同脉冲时刻获得的数据经过式(3.10)补偿后，可认为是静止满阵接收的数据，从而可以采用平台静止时的成像方法。

3.2.3 实例分析

在 X 波段，若子阵天线方位向尺寸为 0.6m，稀疏阵列天线长度 79.2m，在斜距 30km 处，其方位场景宽度约为 1500m，此时阵列法线方向的方位向分辨率为 6m。

对于长为 79.2m 的阵列天线，当子阵间隔为天线尺寸时，需要天线单元数目 132 个；当系统采用稀疏阵列多相位中心综合工作模式时，对子阵位置进行优化后仅需 28 个子阵，一个孔径综合周期综合的相位中心为 263 个，各相位中心间隔 0.3m，优化后各天线单元位于 1,2,4,5,6,9,12,16,17,26,35,44,53,62,71,80,89,98,107,116,117,121,124,127,128,129,131,132 位置，系统详细的参数和性能指标如表 3.1 所示。

表 3.1 系统参数和性能指标

参数	数值	参数	数值
中心频率/GHz	10	发射脉冲宽度/μs	20
子阵数量/个	28	地物散射系数/dB	−14
稀疏阵列天线长度/m	79.2	接收机噪声系数/dB	3
子阵天线尺寸/(m×m)	0.6×0.15	系统损耗/dB	5
子阵天线效率/%	50	成像信噪比/dB	10
子阵天线增益/dB	28	入射角/(°)	45
子阵俯仰波束宽度/(°)	12	子脉冲信号带宽/MHz	2
子阵方位波束宽度/(°)	3	系统合成带宽/MHz	56
子阵方位相扫范围/(°)	±45	合成斜距分辨率/m	3
扫描波驻位置数	30	方位分辨率/m	6(法线方向)
脉冲重复频率/kHz	4	作用距离/km	31
子阵发射峰值功率/W	10	孔径综合周期/ms	7
全阵发射峰值功率/W	280	方位扫描周期/ms	210

当采用 28 个子阵时，时分多相位中心孔径综合实现过程如图 3.5 所示，其中纵坐标数字 1 到 28 为脉冲数。最下面一行 28 个点表示的是优化后稀疏子阵的位

置,中间 28 行分别表示的是稀疏阵 1 到 28 号子阵轮流发射,每次全阵接收所获得的等效相位中心,最上面一行表示的是中间 28 行相位中心去掉冗余数据,经综合处理后所获得的等效满阵天线的相位中心。

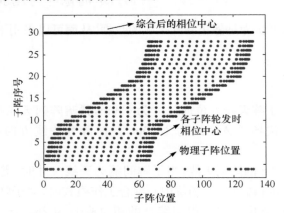

图 3.5　稀疏阵时分多相位中心孔径综合示意图

系统作用距离 R 的计算公式为

$$R=\left(\frac{P_t\tau G^2\lambda^3\rho_r\sigma_0}{(4\pi)^3KT_0F_nD_{\mathrm{SNR}}A_aL\sin\phi}\right)^{1/3} \tag{3.11}$$

其中,P_t 为全阵峰值功率;τ 为发射脉冲宽度;σ_0 为地物散射系数;G 为子阵天线增益;K 为玻尔兹曼常数;T_0 为热力学温度;F_n 为接收机噪声系数;D_{SNR} 为成像信噪比;L 为系统总损耗;A_a 为子阵天线方位向尺寸;ρ_r 系统合成距离分辨率;ϕ 为入射角。在上述参数下,系统的作用距离优于 31km。

3.2.4　仿真结果

在前面分析的基础上,下面通过仿真分析等效相位中心相位补偿中的相关问题,验证系统在不同波束扫描角的成像性能,阵列位置误差补偿方法的效果,以及飞艇运动情况下补偿方法的有效性。假设雷达平台高 22km,地面参考距离 22km 处斜距约 31km。其他仿真参数如表 3.1 所示。

1. 等效相位中心相位补偿分析

下面通过回波数据相位变化说明对获得的等效满阵进行相位补偿的必要性,仿真中的 1 个点目标位于地面场景中心$(0,22000)$m。28 个稀疏布置的子阵以时分方式获得的 263 组数据相位补偿前的实部如图 3.6(a)所示,相位补偿后如图 3.6(b)所示,图 3.7 为以目标所在位置为参考,由式(3.1)计算出所有 263 个相位中心所补偿的相位。

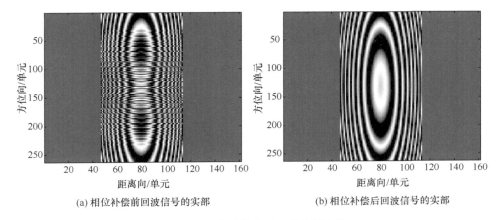

(a) 相位补偿前回波信号的实部　　　　　　　(b) 相位补偿后回波信号的实部

图 3.6　相位补偿前后回波信号比较

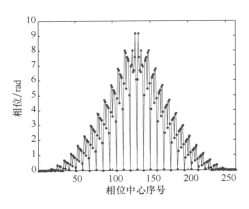

图 3.7　各相位中心补偿的相位

从图 3.6 可以看出,对获得的数据进行相位补偿后,才可以认为是均匀线阵获得的数据,从而可采用 RMA 算法进行成像。根据数据选取准则,存在物理子阵的位置,选取自发自收接收的数据,不需要再进行相位补偿,所以图 3.7 中有 28 个位置,所补偿的相位为零。

由于等效相位中心相位补偿是以场景中的一点为参考,对整个场景内的所有目标进行补偿,因此只有参考点是精确补偿的。下面分析以场景内一点为参考,对其他位置进行相位补偿,引入的误差,目标和参考点的位置关系如图 3.8 所示。

假设参考点位于 $O_1(0,22000)$ m,分别采用参考点对 $A(800,18500)$ m 处和 $B(800,25500)$ m 处的目标进行相位补偿,图 3.9 中 A 和 B 分别表示采用参考点 O_1 对 A 和 B 处的目标进行相位补偿,产生的相位误差。

假设参考点位于 $O_2(15556,15556)$ m,分别采用参考点对 $C(13419,12753)$ m

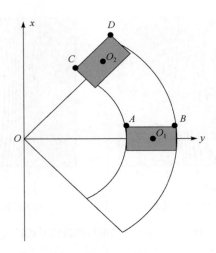

图 3.8　目标与参考点的位置关系

处和 $D(18497,17553)$m 处的目标进行相位补偿,图 3.10 中 C 和 D 分别表示采用参考点 O_2 对 C 和 D 处的目标进行相位补偿,产生的相位误差。

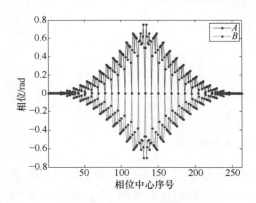

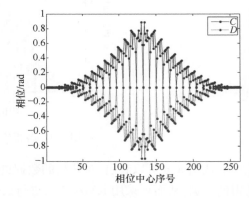

图 3.9　A 和 B 处相位补偿引入的误差　　　　图 3.10　C 和 D 处相位补偿引入的误差

　　从图 3.9 可以看出,当波束指向法线方向时,以场景中心为参考,在地距±3.5km 位置,一个波束覆盖范围内相位误差在 45°以内,不会影响方位向响应主瓣的形状。由图 3.10 可以看出,以 O_2 点为参考点对 C 点和 D 点的目标进行相位补偿,大部分相位误差在 45°,相位误差不会影响方位向响应主瓣形状。在实际应用中,可以分区域对场景中的目标进行等效相位中心相位补偿。

　　2. 不同扫描角成像结果分析

　　天线不同波束扫描角的仿真结果如图 3.11 所示。其中设置了 9 个点目标,目标距离向间隔为 100m,方位向间隔为 700m。

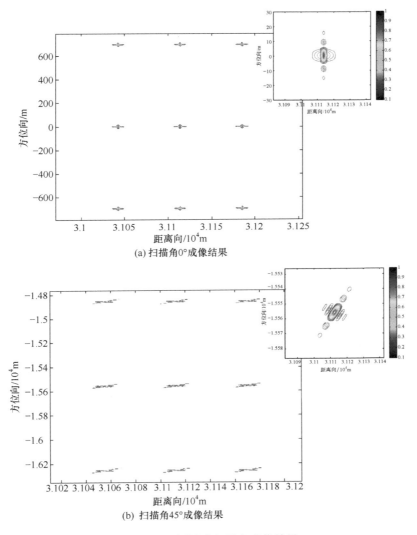

(a) 扫描角 0° 成像结果

(b) 扫描角 45° 成像结果

图 3.11　不同波束扫描角成像结果

从上述仿真结果可看出,采用稀疏孔径天线时分多相位中心孔径综合方法可获得理想的成像效果。

3. 阵列位置误差补偿分析

下面的仿真中,假设整个天线阵列上在水平面上存在最大幅度为 0.2m(法线方向)的 2 阶形变,在每个子阵上设置位置测量装置,并假定其测量误差的均方根为1cm,服从高斯分布。用28个测量值对整个天线阵列形变曲线进行三阶拟合,估计出其他等效相位中心处的形变值,对阵列位置误差进行补偿,对于剩余误差,可进一步采用PGA算法进行处理。

图3.12(a)给出了仿真情况下阵列真实形变、测量值、拟合值及拟合偏差;图3.12(b)给出的是阵列误差存在情况下,没有进行任何补偿直接成像结果;图3.12(c)给出的是用阵列形变的拟合值对误差补偿后的成像结果;图3.12(d)给出的是用形变拟合值对误差补偿后,进一步采用PGA算法处理后的成像结果;表3.2给出了是图3.12(c)和图3.12(d)场景中心点目标图像质量指标测试结果。

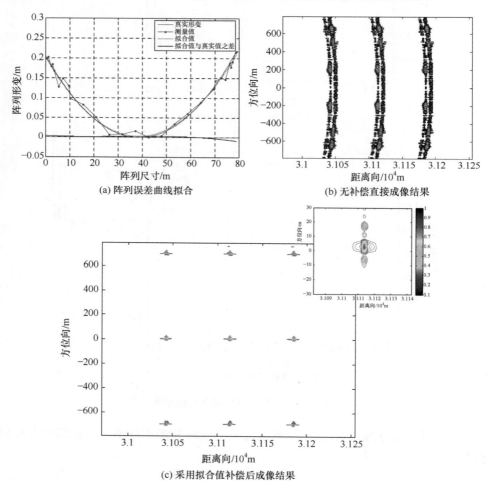

(a) 阵列误差曲线拟合

(b) 无补偿直接成像结果

(c) 采用拟合值补偿后成像结果

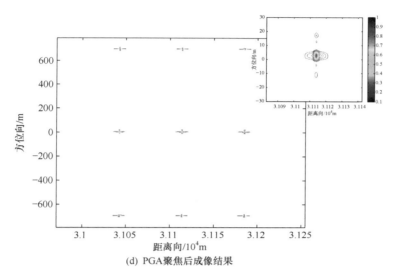

(d) PGA聚焦后成像结果

图 3.12　阵列误差及补偿方法对成像结果的影响

表 3.2　方位向图像质量指标比较

比较项	峰值旁瓣比/dB	积分旁瓣比/dB	分辨率/m
曲线拟合误差补偿后	-9.8955	-5.9123	5.4
PGA 聚焦后	-17.1749	-9.4780	4

从图 3.12(b)可以看出,在阵列形变误差存在情况下直接成像会产生严重的散焦现象;从图 3.12(c)可以看出,当采用拟合值对误差补偿后,成像效果改善明显;从图 3.12(d)和表 3.2 可以看出,当采用 PGA 算法对用曲线拟合误差补偿后的图像再进行自聚焦处理,可以进一步提高图像质量,证明了本节方法的有效性。

4. 平台运动情况下的成像处理

上面仿真分析均建立在飞艇静止假设条件下,如果飞艇沿 x 轴运动速度为 20m/s,其他参数如表 3.1 所示,一个孔径综合周期飞艇将沿 x 轴向前运行 0.14m。飞艇运动对时分工作方式成像的影响是不能忽略的。此时,可以采用速度测量装置对飞艇的速度进行测量,然后根据速度测量值对回波进行相位补偿,解决飞艇运动对时分工作方式的影响。

　　假设飞艇沿 x 轴运动速度为 20m/s,不存在阵列形变误差。图 3.13 扫描角 0°时飞艇运动情况下未进行平台运动补偿的成像结果;图 3.14 为扫描角 45°时飞艇运动情况下成像结果。

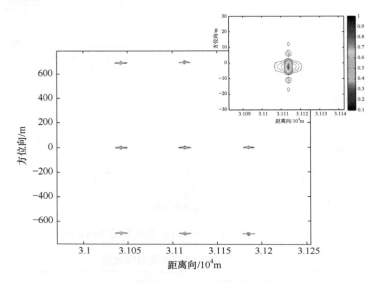

图 3.13　扫描角 0°飞艇运动情况下成像结果(未进行平台运动补偿)

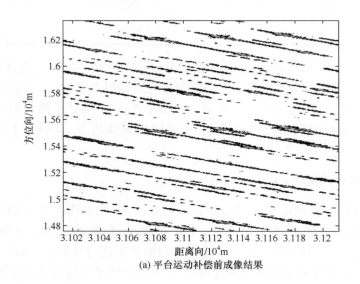

(a) 平台运动补偿前成像结果

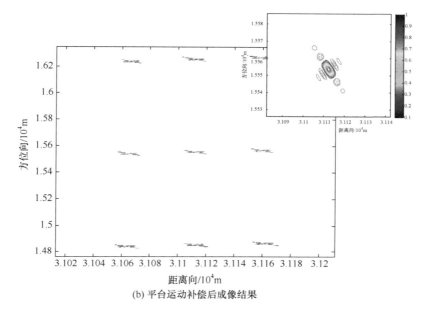

(b) 平台运动补偿后成像结果

图 3.14　扫描角 45°飞艇运动情况下的成像结果

　　从图 3.13 可以看出,当波束扫描角 0°时,平台运动对成像的影响可以忽略,这是由于相位中心位置不准确引入相位误差较小;从图 3.14 可以看出,当波束扫描角增大时,平台运动对成像的影响较大,然而根据平台速度测量值,在成像前对数据进行相位补偿,可以有效解决平台运动对时分工作方式的影响。

　　仿真同时表明,当测平台速度的测量误差为 0.1m/s 时,本节方法也能够满足成像要求,上述结果说明了采用稀疏阵列时分工作方式对静止目标进行成像的可行性。

3.3　稀疏线阵天线雷达对运动目标成像

　　3.2 节主要研究了平流层飞艇载稀疏阵列雷达在时分工作方式下的对地成像问题。对于艇载雷达系统,不仅需要具有大面积高分辨率对地成像能力,而且还需要具有对所观测区域运动目标进行连续探测的能力,如对地面运动的车辆和低空飞机等进行不间断探测并实施区域预警。由于艇载雷达采用了大尺寸阵列天线,其对运动目标实施的高分辨率探测在原理上也可形成运动目标图像,故艇载稀疏阵列雷达也可用于运动目标成像。

　　和对地成像时所观测的静止目标回波信号不同,运动目标的回波信号不仅和天线相位中心的空间位置有关,还和采样时刻有关。因此当稀疏阵列的孔径综合周期较长时,采用时分工作方式获得等效满阵的相位中心避免稀疏阵列较高旁瓣的影响的思路,不能用于运动目标成像处理,需研究新的信号处理方法。

压缩感知理论突破了传统信号获取与处理的概念,该理论指出,当信号具有稀疏性时,可以通过远少于传统方法的采样数据对信号进行重建。稀疏重建的前提是信号本身具有稀疏性。由于地面静止杂波抑制后,艇载雷达观测场景中的运动目标信号应具有稀疏特性,因此可考虑引入压缩感知理论,进行运动目标成像处理。

本节将艇载稀疏阵列天线雷达设置成对地成像和对运动目标成像两种工作模式。在对地成像模式时可以采用稀疏阵列时分的工作方式,换取等效满阵的数据以避免稀疏阵列较高旁瓣对对地成像的影响;在对运动目标成像模式下,保持原有阵列构型,在地面静止杂波对消后,引入压缩感知理论利用方位向接收的稀疏阵列采样数据,对运动目标图像进行重建。文献[7]介绍了基于压缩感知理论的雷达成像方法,直接采用低采样率的原始回波数据对点目标进行了重建,不需要进行传统匹配滤波处理。与其不同的是,本节将压缩感知理论引入稀疏阵列天线雷达,主要解决方位向稀疏采样带来的问题,距离向仍然采用匹配滤波处理方式。

3.3.1　信号模型分析

艇载稀疏阵列天线雷达运动目标成像几何模型如图 3.15 所示,雷达作用范围是以平台为中心的扇形区域,阵列天线位于 x 轴方向,采用多发多收的工作模式,由于平台处于悬浮状态,可采用子阵天线波束扫描的方式覆盖更大的成像区域。

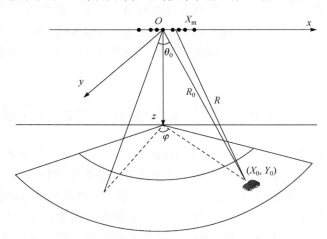

图 3.15　艇载稀疏阵列天线雷达运动目标成像几何模型

假定阵列天线雷达采用正交线性调频信号进行多发多收,平台高度为 H,φ 为波束扫描角,雷达斜视角为 θ_0 时,一目标位于波束指向中心 (X_0, Y_0),中心频率为

f_k 的子脉冲信号经中心频率为 f_0 的参考信号混频,脉冲压缩后为

$$s_k(t, X_{\mathrm{t,r}}; R_0) = A \mathrm{sinc}\left[B_{\mathrm{s}}\left(t - \frac{R(X_{\mathrm{t,r}}; R_0)}{c}\right)\right] a_{\mathrm{a}}(X_{\mathrm{m}}) \exp\left[-\mathrm{j}\frac{2\pi f_k}{c} R(X_{\mathrm{t,r}}; R_0)\right]$$

(3.12)

信号从发射子阵到目标,反射后到接收子阵的往返距离为

$$\begin{aligned} R(X_{\mathrm{t,r}}; R_0) &= \sqrt{R_0^2 + (X_0 - X_{\mathrm{t}})^2 - 2R_0(X_0 - X_{\mathrm{t}})\sin\theta_0} \\ &\quad + \sqrt{R_0^2 + (X_0 - X_{\mathrm{r}})^2 - 2R_0(X_0 - X_{\mathrm{r}})\sin\theta_0} \end{aligned}$$

(3.13)

其中,$R_0^2 = H^2 + X_0^2 + Y_0^2$;$B_{\mathrm{s}}$ 为子脉冲信号带宽;X_{t} 为发射子阵的方位向位置;X_{r} 为接收子阵的方位向位置;$X_{\mathrm{m}} = (X_{\mathrm{t}} + X_{\mathrm{r}})/2$ 为收发分置时等效接收和发射子阵的位置;$a_{\mathrm{a}}(\cdot)$ 为方位向窗函数;A 为距离压缩后点目标信号的幅度。

等效接收和发射子阵到目标的斜距为

$$R(X_{\mathrm{m}}; R_0) = \sqrt{R_0^2 + (X_0 - X_{\mathrm{m}})^2 - 2R_0(X_0 - X_{\mathrm{m}})\sin\theta_0}$$

(3.14)

由于 $|R(X_{\mathrm{t,r}}; R_0) - 2R(X_{\mathrm{m}}; R_0)|$ 小于距离分辨单元,用 $2R(X_{\mathrm{m}}; R_0)$ 代替 $R(X_{\mathrm{t,r}}; R_0)$ 对距离向的影响可以忽略。式(3.12)经等效相位中心相位补偿后,可认为是位于 X_{m} 处的子阵自发自收的信号,经脉冲压缩后,为

$$s_k(t, X_{\mathrm{m}}; R_0) = A \mathrm{sinc}\left[B_{\mathrm{s}}\left(t - \frac{2R(X_{\mathrm{m}}; R_0)}{c}\right)\right] a_{\mathrm{a}}(X_{\mathrm{m}}) \exp\left[-\mathrm{j}\frac{4\pi f_k}{c} R(X_{\mathrm{m}}; R_0)\right]$$

(3.15)

由于阵列尺寸 $L \ll R_0$,在 $X_{\mathrm{m}} = X_0$ 附近对式(3.14)进行泰勒展开,省略三次以上高次项,得

$$R(X_{\mathrm{m}}; R_0) \approx R_0 - \sin\theta_0(X_0 - X_{\mathrm{m}}) + \frac{\cos^2\theta_0}{2R_0}(X_0 - X_{\mathrm{m}})^2 + \frac{\sin\theta_0\cos^2\theta_0}{2R_0^2}(X_0 - X_{\mathrm{m}})^3$$

(3.16)

其中,一次项为距离走动,高次项为距离弯曲,总的距离变化 $\Delta R = R - R_0$ 为距离徙动。当距离徙动不大于 1/4 距离分辨单元,距离徙动可以忽略[8],在中等分辨率(约为 3m×3m)情况下,距离弯曲可以忽略[9]。距离走动为

$$\Delta R_{\mathrm{m}} = X_{\mathrm{m}}\sin\theta_0$$

(3.17)

距离徙动校正,可在频率域作脉冲压缩的同时,乘以

$$H(f_{\mathrm{r}}, X_{\mathrm{m}}; R_0) = \exp\left(-\mathrm{j}4\pi\frac{\Delta R_{\mathrm{m}}}{c}f_{\mathrm{r}}\right)$$

(3.18)

距离走动补偿后的轨迹为

$$R_l(X_{\mathrm{m}}; R_0) = R(X_{\mathrm{m}}; R_0) - \Delta R_{\mathrm{m}} = R(X_{\mathrm{m}}; R_0) + X_{\mathrm{m}}\sin\theta_0$$

(3.19)

经距离徙动校正后,忽略常数相位,三次以上相位,式(3.16)可写为

$$s_k(t, X_m; R_0) = A\,\mathrm{sinc}\left[B_s\left(t - \frac{2R_l(X_m; R_0)}{c}\right)\right]a_a(X_m)$$

$$\times \exp\left\{-\mathrm{j}\frac{4\pi f_k}{c}\left[\frac{\cos^2\theta_0}{2R_0}(X_0 - X_m)^2 + \frac{\sin\theta_0 \cos^2\theta_0}{2R_0^2}(X_0 - X_m)^3\right]\right\}$$

$$(3.20)$$

从式(3.20)可以看出,通过方位向匹配滤波就可以完成目标成像,但是,由于方位向阵列为稀疏阵,直接进行方位向匹配滤波会出现较高的旁瓣,严重影响图像质量。为了解决这个问题,可根据式(3.20)构造基矩阵,采用基于压缩感知的成像算法,对运动目标进行成像处理。

3.3.2　基于压缩感知理论的成像算法

采用大尺寸实孔径阵列接收信号的雷达系统,具有较高的瞬时角分辨率。当飞艇处于驻留状态时,采用传统的 MTI 处理(如两脉冲对消),即可对消掉静止目标,实现杂波抑制,并保留运动目标信号。此时,运动目标信号具有稀疏特性,可采用基于压缩感知理论的成像算法对运动目标进行成像,下面首先简要介绍压缩感知基本原理,而后对成像方法展开分析。

一个维数为 N 的信号 x 可表示成 $x_{N \times 1} = \Psi_{N \times N}\theta_{N \times 1}$,$\Psi$ 为基矩阵,θ 为系数矩阵。对于测量数据 $s_{M \times 1}$,$s_{M \times 1} = \Phi_{M \times N}x_{N \times 1}$,由于 $M < N$,从 $s_{M \times 1}$ 恢复 $x_{N \times 1}$,是欠定方程的求解问题,如果系数矩阵 θ 中有 K 个非零元素,矩阵 $\Theta = \Phi\Psi$ 满足 RIP,则可以从 M 维稀疏测量数据中,恢复出 K 个较大的系数,$M = O(K\lg(N/K))$,Φ 为测量矩阵。信号 x(由它的系数)可以从 s 中通过求解式(3.21)的 ℓ_1 模最小优化问题恢复出来。

$$\hat{\theta} = \min \| \theta \|_1, \quad \mathrm{s.t.}\ s = \Phi\Psi\theta \tag{3.21}$$

在噪声存在的情况下,可通过松弛的约束条件对信号进行重构,利用凸优化算法[10,11]求解式(3.22)的 ℓ_1 模最小优化问题。

$$\hat{\theta} = \min \| \theta \|_1, \quad \mathrm{s.t.}\ \| s - \Phi\Psi\theta \|_2 \leqslant \varepsilon \tag{3.22}$$

其中,ε 为测量数据中的噪声水平。

目标成像的过程就是目标散射系数重建的过程,因此,基于压缩感知理论,可以对中心频率为 f_k 的信号构造模型

$$s_k(n)_{M \times 1} = \Phi_{M \times N}\Psi_k(n)_{N \times N}\theta_k(n)_{N \times 1} \tag{3.23}$$

其中,n 为距离门数;$s_k(n)_{M \times 1}$ 为第 n 个距离门中 M 个子阵接收的信号经脉冲压缩和经距离徙动校正后的向量;$\theta_k(n)_{N \times 1}$ 为在第 n 个距离门中要恢复的目标散射系数向量。测量矩阵 Φ 由稀疏阵列构型决定,$\phi_{i,j} = 1$,其他元素为零,i 表示在矩阵中的行数,j 表示在矩阵中的列数与稀疏阵列各子阵的位置相对应,$i = 1, 2, \cdots,$

$M, j = 1, 2, \cdots, N$。根据式(3.21)中的指数项,矩阵 $\Theta_{M \times N} = \Phi_{M \times N} \Psi_k(n)_{N \times N}$ 可构造为

$$\Theta_k(m, i) = \exp\left[-j\frac{4\pi f_k}{c}\frac{\cos^2\theta_0}{2R_0}(x_i - X_m)^2 - j\frac{4\pi f_k}{c}\frac{\sin\theta_0 \cos^2\theta_0}{2R_0^2}(x_i - X_m)^3\right]$$

(3.24)

其中,x_i 为待重建场景区域的方位向位置,$i = 1, 2, \cdots, N, m = 1, 2, \cdots, M$。

由于文献[10]的凸优化算法是针对实数据的,而雷达目标成像处理的数据为复数据,因此,需要按照式(3.25)将复数据 s_k 和 Ψ_k 转换成实数据 s'_k 和 Ψ'_k

$$s'_k = \begin{bmatrix} \text{real}(s_k) \\ \text{imag}(s_k) \end{bmatrix}, \quad \Psi'_k = \begin{bmatrix} \text{real}(\Psi_k) & -\text{imag}(\Psi_k) \\ \text{imag}(\Psi_k) & \text{real}(\Psi_k) \end{bmatrix}$$

(3.25)

其中,real(•)和 imag(•)分别表示取信号的实部与虚部。将以上实数参数代入式(3.22),通过处理,可以得到 $2N$ 个实系数 θ'_k,并将 θ'_k 转换成复数,得到 N 个实系数

$$\theta_k = \theta'_{k(1:N)} + j\,\theta'_{k(N+1:2N)}$$

(3.26)

其中,θ_k 可认为目标的复散射系数,与其对应的 x_i 为目标的方位向位置,从而完成目标成像处理。

如果不同中心频率的子脉冲信号带宽较小,则分别由各子脉冲信号获得的各图像距离分辨率就较低。由于发射不同中心频率信号的子阵位于不同位置,同一子阵接收同一目标反射的不同中心频率信号在空间的延迟不相等,因此,不能在时域直接进行宽脉冲合成提高距离分辨率。但是在采用基于压缩感知理论成像中,由于各中心频率子脉冲信号对应的距离走动校正和基矩阵的构造都与收发子阵的位置有关,因此,在不同中心频率信号获得的图像域内,已经不存在由发射子阵位置不同引起的差别,同一目标在各中心频率对应的图像内是相互重合,从而可将不同中心频率信号获得的图像相参叠加,最终获得高距离分辨率图像。

由于在脉冲压缩的过程中,对距离走动进行了校正,图像在距离向有 $x_i\sin\theta_0$ 的移动,在方位向有 $(R_0 - R)\sin\theta_0$ 的移动,因此需要对图像进行几何校正[12]。

和传统的脉冲多普勒体制雷达一样,采用相干脉冲串信号处理方式,不仅可实现静止杂波抑制,也可以进行脉冲积累提升信噪比,并在距离-多普勒域实现运动目标检测和测速。在每个方位发射 $Q+1$ 个脉冲,经两脉冲对消后,剩下 Q 个脉冲,多普勒分辨率为 PRF$/Q$。

当各子阵采用不同脉冲重复周期的信号完成脉冲积累后,运动目标在子阵的一个波束宽度范围内,方位向是不可分辨的,此时可以在距离-多普勒域实施运动目标检测和测速。对同一中心频率信号,将所有子阵对应的距离-多普勒数据进行非相参累加,可以提高检测信噪比。为了对一个波束宽度内的运动目标进行高分辨率重建,取出所有子阵运动目标所在的距离-多普勒单元数据,采用基

于压缩感知理论的成像算法,完成运动目标成像。整个信号处理流程如图 3.16
所示。

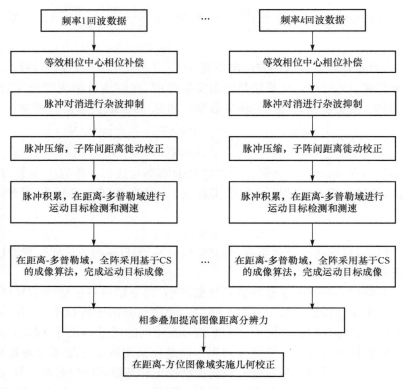

图 3.16　信号处理流程图

3.3.3　仿真分析

　　稀疏阵列艇载雷达设置了静止目标成像和运动目标成像两种模式,对于静止
目标采用 3.2 节时分工作方式换取等效满阵天线的数据进行成像,而运动目标成
像将在保持原有静止目标成像阵列构型不变的基础上,采用压缩感知理论完成成
像处理。

　　采用和 3.2 节静止目标成像相同的稀疏阵列,28 个子阵位于 1,2,4,5,6,9,
12,16,17,26,35,44,53,62,71,80,89,98,107,116,117,121,124,127,128,129,
131,132 位置,阵列单元在 $u(u = \sin\theta)$ 空间的波束图如图 3.17 所示,其中阵列单
元间距为 1/2 个波长。

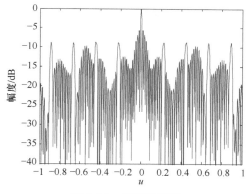

图 3.17　阵列波束图

从图 3.17 可以看出,优化后的稀疏阵列具有较高的峰值旁瓣比(-5.62dB)和较高的积分旁瓣比(7.75dB),如果直接应用到目标成像中,在方位向会出现较多的虚假散射点,造成图像质量下降。

考虑到杂波抑制后,场景中的运动目标信号具有稀疏的特性,采用基于压缩感知理论的成像算法可以避免这一问题。

1. 阵列的随机性分析

由 3.2 节可知采用压缩感知理论对目标进行成像时,测量矩阵由具体阵列构型决定,当测量矩阵为随机矩阵时,感知矩阵能够满足约束等容性(restricted isometry property,RIP),可采用最少的观测量对目标进行重建。下面对阵列的随机性进行分析。

三种不同的阵列布局如图 3.18 所示,其中阵列 1 为接近周期分布的稀疏阵列,阵列 2 为本章所使用的阵列,阵列 3 为随机产生的阵列。具有相同孔径大小和子阵数量的阵列,其子阵位置自相关曲线旁瓣的高低可以反映阵列的随机性。图 3.19~图 3.21 分别为阵列的自相关曲线。

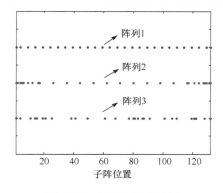

图 3.18　阵列布局示意图

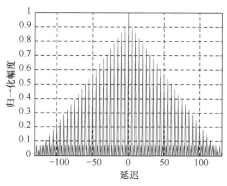

图 3.19　阵列 1 的自相关曲线

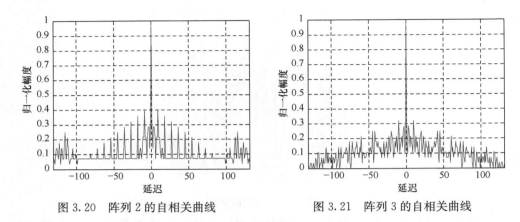

图 3.20 　阵列 2 的自相关曲线　　　　　图 3.21 　阵列 3 的自相关曲线

从阵列的自相关曲线可以看出,阵列 1 的自相关曲线旁瓣最高,其次为阵列 2,阵列 3 的自相关曲线旁瓣最低,说明本章采用的与静止目标成像布局相同的阵列 2 具有一定的随机性,考虑到在波束宽度内,同一距离门出现较多运动目标的概率比较小,因此基于压缩感知理论,可使用阵列 2 接收的信号对运动目标进行成像。

2. 噪声对目标重建影响分析

为了分析噪声对采用压缩感知理论对目标重建的影响,分别在不加噪声条件下,信噪比 20dB,15dB 和 10dB 的情况下,对两个目标和三个目标的恢复情况进行分析。

假设雷达平台高 22km,波束扫描角 0°,在斜距约 31km 处有三个运动目标 1、2 和 3,位于同一距离门,方位向分别位于 70m、5m 和 −80m 处。取距离向脉冲压缩后目标所在的距离门数据,采用基于压缩感知理论的成像算法进行恢复。图 3.22 为目标 1 和目标 2 在不同噪声条件下的恢复结果。图 3.23 为三个目标在不同噪声条件下的恢复结果。

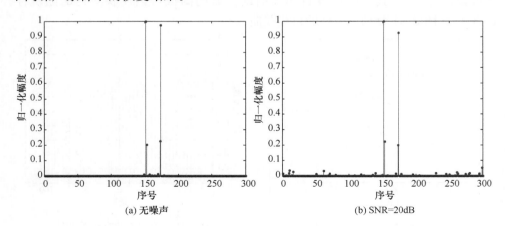

(a) 无噪声　　　　　　　　　　　　(b) SNR=20dB

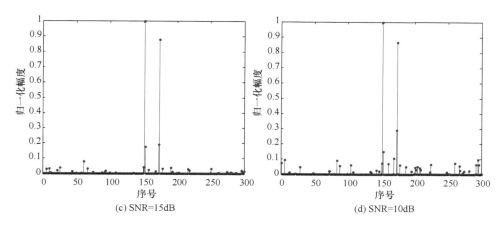

(c) SNR=15dB　　　　　　　　　(d) SNR=10dB

图 3.22　两个目标情况

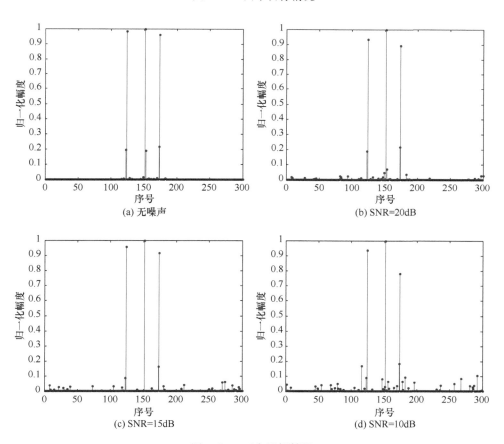

(a) 无噪声　　　　　　　　　　(b) SNR=20dB

(c) SNR=15dB　　　　　　　　　(d) SNR=10dB

图 3.23　三个目标情况

从图 3.22 和图 3.23 不同噪声条件下目标恢复的情况可以看出,随着信噪比的降低,恢复结果中的虚假值幅度增大。

3. 单发多收情况下目标检测与成像处理

为了进一步对基于压缩感知理论的成像算法进行说明,假设系统处于单发多收状态,一个子阵发射频带宽度略大的 LFM 信号,全阵接收,其信号处理流程为图 3.16 中一个频率信号对应的信号处理流程。

假设雷达平台高 22km,波束扫描角 0°,在斜距约 31km 处有三个运动目标,速度(相对于阵列法线方向的地速)都为 −15m/s,位于同一距离门,方位向分别位于 −100m,10m,100m。同时设置 6 个静止的点目标(可等效为静止杂波)分布在运动目标周围,其中一个静止的点目标和动目标位于同一距离门,其他仿真参数见表 3.3。

表 3.3　仿真参数

参数	数值	参数	数值
中心频率/GHz	10	发射脉冲宽度/μs	2
子阵数量/个	28	脉冲带宽/MHz	50
天线长度/m	79.2	距离分辨率/m	3
方位分辨率/m	12(法线方向)	脉压后信噪比/dB	5
子阵方位相扫范围/(°)	±45	脉压后信杂比/dB	−25
脉冲重复频率/kHz	4	脉冲积累数目/个	32
子阵天线尺寸/(m×m)	0.6×0.15	成像信噪比/dB	20

在表 3.3 中,设置脉压后的信噪比为 5dB,经过 32 个脉冲积累后,信噪比可以提高约 15dB,因此在距离-多普勒域运动目标获得的检测信噪比约为 20dB。在距离徙动校正过程中,校正了一次项的距离走动,忽略了高次项距离弯曲,当扫描角为 0°时,等效阵列长度为 39.6m,最大距离弯曲为 0.0063m,远小于距离分辨率 3m,而且在大斜视角下呈现的是大的距离走动和小的距离弯曲,因此距离弯曲可以忽略。

图 3.24 为杂波抑制前一个子阵上距离-多普勒域目标分布情况,可以看出杂波分布在零多普勒通道,且运动目标信号被杂波信号所淹没。图 3.25 为一个子阵接收的信号,进行两脉冲对消后,32 个脉冲积累的结果,可以看出经杂波抑制后,在距离-多普勒域可以检测到运动目标信号,由于采用子阵级处理,多目标在子阵波束宽度(2.87°,在 31km 斜距处对应 1550m)内不可分辨。

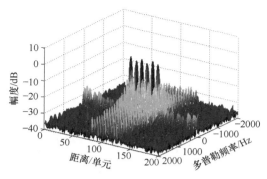

图 3.24　杂波抑制前一个子阵距离-多
普勒域目标分布情况

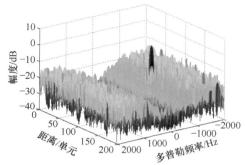

图 3.25　杂波抑制后一个子阵距离-多
普勒域的目标信号

图 3.26 为所有子阵在距离-多普勒域非相参累加的结果,可以看出和单个子阵相比提高了检测信噪比,因此在所有子阵距离-多普勒域非相参累加的基础上进行运动目标检测,并根据目标所在的多普勒通道对其速度进行估计。其中,各子阵在距离-多普勒域进行非相参累加的原因是,由于各子阵方位向位置不同,目标在各子阵距离-多普勒域的相位不同,如果进行相参累加,目标就有可能因为相位不一致受到衰减,因此采用非相参累加。

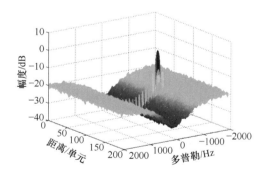

图 3.26　所有子阵在距离-多普勒域非相参累加结果

图 3.27 为取所有子阵运动目标所在的距离-多普勒单元数据,进行成像处理,得到重建场景区域的方位向位置目标散射系数向量,可以看出,有三个比较大的系数,也就说明在同一个距离-多普勒单元,不同方位存在三个目标;图 3.28 为对检测到的多普勒通道,在距离和方位二维平面成像结果,方位向采用了基于压缩感知理论的成像算法,避免了传统算法的旁瓣较高的问题,由于距离向采用常规的脉冲压缩处理方法,所以有距离旁瓣出现。

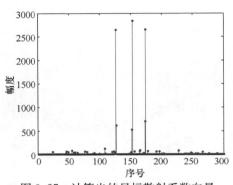

图 3.27　计算出的目标散射系数向量

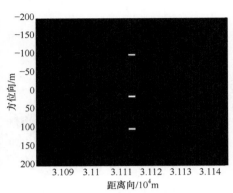

图 3.28　运动目标二维成像结果

由上面介绍可知,运动目标检测是在所有子阵距离-多普勒域非相参累加的基础上进行的,基于压缩感知理论的成像是在各子阵输出的基础上进行的,因此运动目标检测的信噪比高于成像的信噪比,成像的信噪比由子阵脉冲积累后的信噪比决定,约为 20dB。

假设雷达平台高 22km,波束扫描角 45°,在斜距约 31km 有三个速度(相对于阵列法线方向的地速)分别为 40m/s,20m/s,-30m/s 的运动目标,位于不同的距离门,6 个静止的点目标分布在运动目标周围,其他仿真参数见表 3.3。

图 3.29 为波束扫描角 45°时,一个子阵接收的信号经两脉冲对消和脉冲积累,目标在距离-多普勒域分布情况,可以看出,在距离-多普勒平面存在三个目标;图 3.30 为所有子阵在距离-多普勒域非相参累加的结果,可根据目标所在的多普勒通道对其速度进行估计;图 3.31 为对检测到的运动目标所在的距离-多普勒单元 A,B,C 的数据,进行成像处理,计算出的各距离-多普勒单元的目标散射系数向量,可以看出各距离-多普勒单元各存在一个目标,其中距离-多普勒单元 C 计算出目标散射系数较小,是由于受到两脉冲对消器频率响应的衰减;图 3.32 为对运动目标所在的三个多普勒通道,分别在距离和方位二维平面成像叠加后的结果,说明了在不同扫描角下成像方法的有效性。

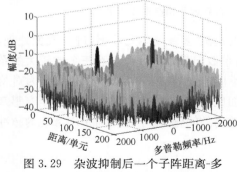

图 3.29　杂波抑制后一个子阵距离-多普勒域的目标信号

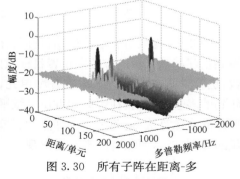

图 3.30　所有子阵在距离-多普勒域非相参累加结果

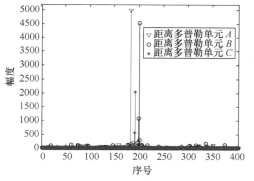

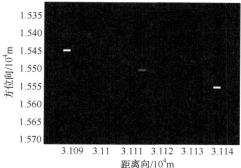

图 3.31　计算出的目标散射系数向量　　　　图 3.32　运动目标二维成像结果

以上仿真是基于单发多收的情况,为了提高发射功率,系统可采用相对带宽较小的多频正交信号,形成多发多收的工作模式,再通过图像相参叠加提高图像距离分辨率,对不同中心频率的信号采用非相参累加在距离-多普勒域提高检测信噪比。

4. 多发多收情况下目标检测与成像处理

下面重点分析采用多频正交信号形成多发多收的工作模式,通过图像相参叠加提高图像距离分辨率的问题。

由于各子脉冲信号的带宽比较小,对应的距离分辨率比较低,需要通过波形合成或图像合成提高距离分辨率,首先通过仿真对两种提高距离分辨率的方法进行分析。在下面仿真中,子脉冲带宽为 2MHz,采用合成信号的中心频率进行混频,以满足系统带宽要求的采样率进行采样,就可以省去宽带信号合成过程中的升采样和频移过程。

图 3.33 为一个带宽为 2MHz 时宽为 $5\mu s$ 的子脉冲信号脉冲压缩后的结果和 4 个频率步进的子脉冲通过时域波形合成形成带宽为 8MHz,时宽为 $20\mu s$ 的信号脉压后的结果。图 3.34 为一个子脉冲信号脉冲压缩的结果和 4 个频率步进的子脉冲信号脉冲压缩后再相参叠加的结果。

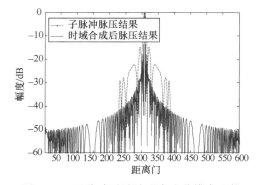

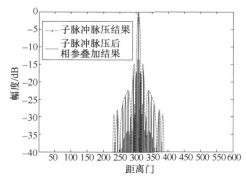

图 3.33　子脉冲时域波形合成分辨率比较　　　图 3.34　子脉冲脉压后相参叠加分辨率比较

从图 3.33 和图 3.34 可以看出,子脉冲时域波形合成和子脉冲先进行脉冲压缩后再在图像域相参叠加均可以提高距离分辨率。在由不同子脉冲信号脉冲压缩,再进行相参叠加得到的结果中,旁瓣高于时域波形合成脉压后的旁瓣,而且其旁瓣包络由子脉冲脉压后的旁瓣包络决定,较高的旁瓣是由于能量在合成后宽带波形的频带内分布不均匀造成的[13~15]。因此在通过低距离分辨率图像相参叠加获得高距离分辨率图像中,会出现高于实际宽带信号的旁瓣。

下面对多发多收模式下的信号处理方法进行说明,部分不同于单发多收情况下的参数见表 3.4,经过 32 个脉冲积累和不同子阵间的非相参累加,距离-多普勒域的检测信噪比高于 15dB,成像信噪比约为 15dB。

表 3.4　仿真参数

参数	数值	参数	数值
发射脉冲宽度/μs	10	脉压后信噪比/dB	0
子脉冲带宽/MHz	2	脉压后信杂比/dB	−25
合成系统带宽/MHz	56	脉冲积累数目/个	32
合成距离分辨率/m	3	成像信噪比/dB	15

假设波束扫描角为 0°,5 个目标速度都为 15m/s 的运动目标,成十字型分布在以场景中心为原点的坐标系内,其中同一方位的 3 个目标位于低距离分辨率图像的一个分辨单元内,却位于高距离分辨率图像的不同分辨单元内。

图 3.35 为所有子阵接收的一个中心频率信号,在距离-多普勒域非相参累加的结果,可以看出在距离-多普勒域存在一个运动目标;图 3.36 为单一中心频率信号获得的低距离分辨率图像,可以看出方位向有 3 个目标;图 3.37 为所有中心频率信号获得的图像相参叠加获得的高距离分辨率图像,可知通过图像相参叠加提高了距离分辨率。

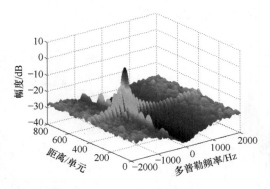

图 3.35　所有子阵在距离-多普勒域非相参累加结果

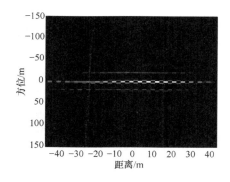 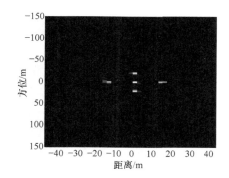

图 3.36　低距离分辨率图像　　　　图 3.37　图像相参叠加获得的高距离分辨率结果

　　假设波束扫描角为 45°,场景中有 3 个速度为 $-15\mathrm{m/s}$ 的运动目标,2 个速度为 $30\mathrm{m/s}$ 的运动目标,位于以场景中心为原点的坐标系内。

　　图 3.38 为所有子阵接收的一个中心频率信号,在距离-多普勒域非相参累加结果,可以看出在距离-多普勒域存在 2 个运动目标;图 3.39 和图 3.40 为采用距离-多普勒域的一个运动目标所在的距离-多普勒单元数据进行成像,得到的低距离分辨率和高距离分辨率图像;图 3.41 和图 3.42 为采用距离-多普勒域的另一个运动目标所在的距离-多普勒单元数据进行成像,得到的低距离分辨率和高距离分辨率图像。

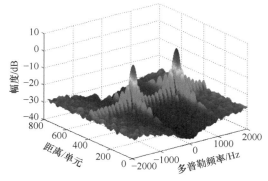

图 3.38　所有子阵在距离-多普勒域非相参累加结果

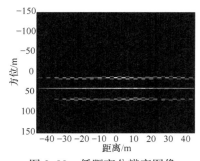 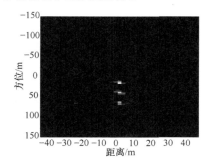

图 3.39　低距离分辨率图像　　　　图 3.40　图像相参叠加获得的高距离分辨率结果

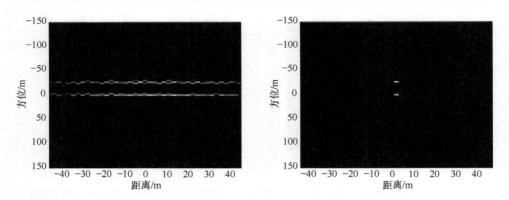

图 3.41　低距离分辨率图像　　图 3.42　图像相参叠加获得的高距离分辨率结果

　　应当指出的是,本节的仿真和分析都是在假定平台静止情况下的,实际上当平台运动时就相当于在所有运动目标速度上增加了一个常数,不影响运动目标检测和成像。

3.4　艇载共形稀疏阵列天线雷达对地成像和运动目标探测

　　根据飞行器气动布局和隐身的要求,未来的雷达将更多地采用共形有源相控阵体制天线。在共形天线的概念下,飞行器的蒙皮和结构同样可以成为航空电子系统的一部分,雷达天线可以嵌入到飞行器的蒙皮和结构中,并采用阵列布局。从共形布局物理实现的严格意义上讲,一个大的共形阵列有可能是不连续的,即可能是稀疏的;另外,为减少系统体积和质量,共形阵列天线也可能需要设计成稀疏的,因此,研究共形稀疏阵列天线及其信号处理技术更具有现实意义。

　　关于艇载稀疏阵列天线雷达,本章的 3.2 节和 3.3 节尚未考虑与艇身共形的阵列天线布局方式,主要采用置于艇身外部的线性稀疏阵列天线[16,17]。针对目前设计的平流层飞艇艇身蒙皮大都呈“水滴”型的特点[18],本节利用共形天线的概念[19],考虑将稀疏阵列天线共形布设在艇身蒙皮中,在实现雷达对地成像和运动目标探测的同时,满足飞艇气动布局的要求。

　　在艇载共形稀疏阵列天线雷达中,采用频分正交信号实现多发多收,利用与阵列构型无关的 BP 算法实现各子带信号对地成像处理;利用一发多收的多脉冲回波信号,在距离-多普勒域中完成静止杂波抑制,使观测场景具备稀疏性,采用压缩感知方法来实现对运动目标图像的重建。

3.4.1　成像模型和共形稀疏阵列天线的布阵方式

　　艇载共形稀疏阵列天线雷达系统的成像几何模型如图 3.43 所示。XY 平面为成像平面,稀疏阵列天线沿 X 轴方向(方位向)分布在艇身侧面,即共形稀疏阵列天线分布在 XZ 平面,飞艇悬停高度为 H。

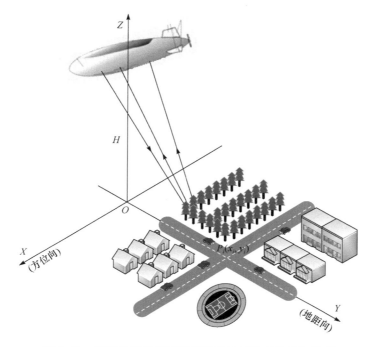

图 3.43　艇载共形稀疏阵列天线雷达系统成像几何模型

　　目前设计的平流层飞艇艇身蒙皮大都呈"水滴"型的特点,常见的有近似椭圆形、纺锤体系列和玫瑰线系列等。本章中采用三叶玫瑰线来近似表示艇身的外形。三叶玫瑰线在极坐标下的表达式为

$$\rho = a\sin(3\theta) \tag{3.27}$$

其在直角坐标系下的图形如图 3.44 所示。以其中的一个叶作为飞艇艇身外形曲线的近似形状。

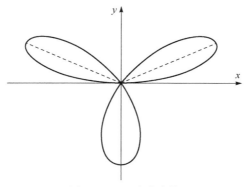

图 3.44　三叶玫瑰线

　　为获得与艇身共形的稀疏阵列天线布局,采用将一维线阵拓展到二维曲线上形成阵列布局的方式,如图 3.45(a)所示。仍然采用 3.2 节和 3.3 节的线性阵列稀疏优化方案,再将其分别投影到三叶玫瑰线上,来获得与艇身共形的稀疏阵列布局。该共形稀疏阵列天线的等效相位中心如图 3.45(b)所示,经处理获得的等效相位中心若投影至直线,则可形成与满阵相同的效果。

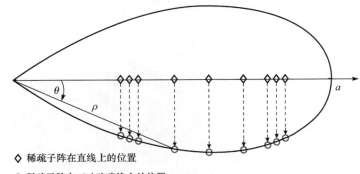

◇ 稀疏子阵在直线上的位置
○ 稀疏子阵在三叶玫瑰线上的位置

(a)

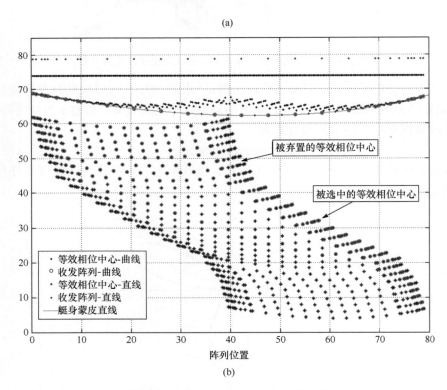

(b)

图 3.45　共形稀疏阵列天线的布阵方式和等效相位中心示意图

3.4.2　系统收发方案

共形稀疏阵列天线雷达采用实孔径的信号采集模式,系统工作在多发多收状态,各子阵同时发射多脉冲频分正交信号。各子阵的发射信号为不同中心频率的线性调频信号。各子带信号的中心频率间隔等于子带信号的带宽。第 k 个子带信号的中心频率可表示为

$$f_k = f_0 + \left(k - \frac{1}{2} - \frac{M}{2}\right)B_s, \quad k = 1, 2, \cdots, M \tag{3.28}$$

其中,B_s 为子带信号的带宽;f_0 为系统的工作频率;M 为子带信号数量(与采用的子阵数量相同)。

第 k 个子带信号可以表示为

$$p_k = \text{rect}\left(\frac{t}{T_p}\right)\exp\{j2\pi f_k t + j\pi K_r t^2\} \tag{3.29}$$

其中,T_p 为子带信号的脉冲宽度;K_r 为调频率。

由于要同时实现对地成像和运动目标探测,系统采用的信号发射方案如图 3.46 所示,各子阵发射多脉冲频分正交信号。其中,各子阵同时发射频分正交信号,且各子带信号在每个子阵位置上轮发一次获得的回波信号,可用来实现对地成像。而发射的多脉冲信号则可用于对运动目标探测。在图 3.46 中,纵坐标方位向各子阵的编号,横坐标为慢时间轴。假设系统的脉冲重复频率为 PRF,发射每个脉冲的时间间隔 1/PRF,发射同频子带信号的多脉冲数量为 N。

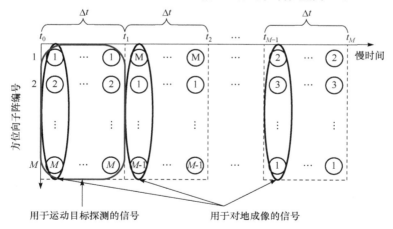

图 3.46　各子阵发射多脉冲频分正交信号的方式示意图

k 表示发射第 k 个频率的子带信号;$\Delta t = N/\text{PRF}$,N 为发射多脉冲的数量

　　本章采用了与 3.2 节中相同的频分正交信号,由于不同频率的子带信号是正交的,处理时互不影响(暂不考虑信号非理想正交的影响),为使表达式更加简练,下面仅给出子带信号处理的相关表达式。

　　由于与艇身共形的子阵分布在 $Y=0$ 的 XZ 平面,因此可假设第 m 个子阵的空间位置为 $r_m = (u_m, 0, w_m)$,被观测场景中的第 i 个点目标的空间位置为 $P_i = (x_i, y_i)$,其散射系数为 σ_i,则对于第 k 个频率的子带信号,由第 m 个子阵发射,第 n 个子阵接收的回波信号可以表达为

$$s_k(t, r_m, r_n) = \sum_i \sigma_i \cdot p_k(t - \tau(r_m, r_n, P_i)) \tag{3.30}$$

其中,$\tau(r_m, r_n, P_i)$ 表示发射信号从发射子阵 r_m 经点目标 P_i 到接收子阵 r_n 的延时。

$$\tau(r_m, r_n, P_i) = \frac{R(r_m, P_i) + R(r_n, P_i)}{c} \tag{3.31}$$

其中,c 为光速,$R(r_m, P_i)$ 和 $R(r_n, P_i)$ 分别为发射子阵 r_m 和接收子阵 r_n 到点目标 P_i 的距离历程。

$$\left. \begin{array}{l} R(r_m, P_i) = \sqrt{(u_m - x_i)^2 + (y_i)^2 + (w_m)^2} \\ R(r_n, P_i) = \sqrt{(u_n - x_i)^2 + (y_i)^2 + (w_n)^2} \end{array} \right\} \tag{3.32}$$

3.4.3　对地成像

　　对地成像时,主要利用各子阵多发多收的回波信号(图 3.46 中椭圆形所包含的回波信号)。根据已述的共形稀疏阵列天线位置的获取原则,对于各子阵多发多收的回波信号,各子带信号在每个子阵位置轮发一遍。由于子阵与艇身共形布设,由多发多收的回波信号获得等效相位中心的空间位置不能等效为线性阵列。因此考虑采用与阵列构型无关的 BP 算法对回波信号进行成像处理。

　　对于第 k 个频率的子带信号,由第 m 个子阵发射,第 n 个子阵接收的回波信号经快时间匹配滤波后的表达式为

$$s_{Mk}(t, r_m, r_n) = s_k(t, r_m, r_n) \otimes p_k^*(-t) \tag{3.33}$$

其中 $\otimes$ 代表卷积运算,$p_k^*(-t)$ 是第 k 个子带信号 $p_k(t)$ 的共轭反转表达式。

　　则二维成像平面中采样点 $P_{ij} = (x_i, y_j)$ 处的目标函数为

$$f_k(x_i, y_j) = \sum_m \sum_n s_{Mk}(t_{ij}(r_m, r_n), r_m, r_n) \tag{3.34}$$

其中

$$t_{ij}(r_m, r_n) = \frac{R(r_m, P_{ij}) + R(r_n, P_{ij})}{c} \tag{3.35}$$

$$\left. \begin{array}{l} R(r_m, P_{ij}) = \sqrt{(u_m - x_i)^2 + (y_j)^2 + (w_m)^2} \\ R(r_n, P_{ij}) = \sqrt{(u_n - x_i)^2 + (y_j)^2 + (w_n)^2} \end{array} \right\} \tag{3.36}$$

　　对于每个子带信号通过上述方法均可得到一幅距离向分辨率较低的图像,将所有子带信号成像结果相参累加,可提高图像的距离向分辨率[20]。

3.4.4　运动目标探测

　　对运动目标探测时,考虑采用传统的脉冲多普勒雷达信号处理方法,利用每个子阵一发多收的同频多脉冲回波信号(如图 3.46 中矩形所包含的回波信号),在距离-多普勒域中通过滤除零多普勒频率信号即可以实现静止杂波抑制,获得只有运动目标存在的稀疏场景。与此同时,在距离-多普勒域中还可以实现运动目标的检测和测速。由于具有相同径向速度的运动目标回波信号位于同一多普勒通道中,抽取运动目标所在的多普勒通道数据,即可在方位向-地距向二维平面实现对运动目标图像的重建。由于各子阵一发多收的回波信号在方位向是稀疏采样的(阵列天线各子阵在空间稀疏分布),采用传统成像方法进行处理时,存在旁瓣较高的问题。考虑到待重建场景具有稀疏性,本章将采用压缩感知的方法利用稀疏的采样信号实现对运动目标图像的重建,从而避免旁瓣较高的问题。由于各子阵同时发射不同频率的子带信号,将各子带信号的重建结果非相参累加,可提高对运动目标探测的信噪比。

　　各子阵接收的二维回波信号,其方位向是稀疏采样的,距离向是满采样的,可以先将回波数据进行脉冲压缩处理,利用同一距离门中的稀疏采样信号,采用压缩感知的方法对运动目标的方位向位置进行重建。但由于本节中所用的阵列呈曲线分布,并且阵列较长,会造成较大的距离徙动,为了避免复杂的距离徙动校正处理,将利用压缩感知的方法直接对二维回波信号(距离向-方位向)进行处理,实现对二维运动目标图像的重建。下面详细介绍运用压缩感知的方法实现运动目标图像重建的过程。

　　将待恢复图像区域划分为 $N_x \times N_y$ 个网格单元,每个单元代表一个点目标位置。假设第 n_x 行,第 n_y 列点目标位置 $P_{n_x,n_y} = (x_{n_x}, y_{n_y})$ 的散射系数为 σ_{n_x,n_y},待恢复图像可以表示为

$$\theta = [\sigma_{1,1} \cdots \sigma_{1,N_y} \ \sigma_{2,1} \cdots \sigma_{2,N_y} \cdots \sigma_{N_x,1} \cdots \sigma_{N_x,N_y}]^T \quad (3.37)$$

　　第 m 个子阵发射频率编号为 k 的线性调频信号时,所有子阵接收的回波信号构成测量数据

$$y = [s_k(t,r_m,r_1)^T \ s_k(t,r_m,r_2)^T \cdots s_k(t,r_m,r_M)^T]^T \quad (3.38)$$

其中,

$$t = [t_1, t_2, \cdots, t_{N_r}] \quad (3.39)$$

$$s_k(t,r_m,r_n) = [s_k(t_1,r_m,r_n), \cdots, s_k(t_{N_r},r_m,r_n)]$$

$$k = 1, \cdots, M; m = 1, \cdots, M; n = 1, \cdots, M \quad (3.40)$$

其中,N_r 表示距离向的采样点数。

　　根据回波信号的生成方式即可得到观测矩阵 Φ

$$\Phi=\begin{bmatrix} p_k(t-\tau_{m1}(1,1))^{\mathrm{T}} & \cdots & p_k(t-\tau_{m1}(1,N_y))^{\mathrm{T}} & \cdots & p_k(t-\tau_{m1}(N_x,N_y))^{\mathrm{T}} \\ p_k(t-\tau_{m2}(1,1))^{\mathrm{T}} & \cdots & p_k(t-\tau_{m2}(1,N_y))^{\mathrm{T}} & \cdots & p_k(t-\tau_{m2}(N_x,N_y))^{\mathrm{T}} \\ \vdots & & \vdots & & \vdots \\ p_k(t-\tau_{mM}(1,1))^{\mathrm{T}} & \cdots & p_k(t-\tau_{mM}(1,N_y))^{\mathrm{T}} & \cdots & p_k(t-\tau_{mM}(N_x,N_y))^{\mathrm{T}} \end{bmatrix}$$

$$(3.41)$$

其大小为 $(M*N_r)\times(N_x*N_y)$，其中的 $\tau_{ml}(n_x,n_y)$ 可表示为

$$\tau_{ml}(n_x,n_y)=\tau(r_m,r_l,P_{n_x,n_y})$$

$$=\frac{\sqrt{(u_m-x_{u_x})^2+(y_{u_y})^2+(w_m)^2}+\sqrt{(u_n-x_{u_x})^2+(y_{u_y})^2+(w_n)^2}}{c}$$

$$(3.42)$$

其中，$l=1,2,\cdots,M,n_x=1,2,\cdots,N_x,n_y=1,2,\cdots,N_y$。

　　因此，无噪声的观测方程可以表示为

$$y=\Phi\theta \qquad\qquad (3.43)$$

　　存在噪声的情况下，上述观测方程可以表示为

$$y=\Phi\theta+e \qquad\qquad (3.44)$$

其中，e 是能量受限（$\|e\|_2\leqslant\varepsilon$）的未知噪声。

　　此时，通过求解下面的 ℓ_1 范数最小化问题

$$\min\ \|\theta\|_1 \quad \text{subject to：} \|\Phi\theta-y\|_2\leqslant\varepsilon \qquad (3.45)$$

即可实现运动目标图像的重建。

　　假设待恢复信号 θ 是 K 稀疏的信号，即 θ 中只有 K 个非零元素，那么当观测矩阵 Φ 满足 RIP 条件时，式(3.45)中的 ℓ_1 范数最小化问题可解[21]。

　　RIP 理论可以表述为：如果对于任意 $T(|T|\leqslant K)$ 稀疏信号 x_T，矩阵 Φ 应满足不等式

$$(1-\delta_K)\|x_T\|_2\leqslant\|\Phi x_T\|_2\leqslant(1+\delta_K)\|x_T\|_2 \qquad (3.46)$$

其中，$\delta_K\in(0,1)$。

　　在满足上述 RIP 条件下，式(3.45)中的 ℓ_1 范数最小化问题可以通过相应的凸优化算法进行求解。求解得到的 θ 经重排后即为待重建的运动目标图像。

3.4.5　仿真实验

　　假设飞艇艇身长度为 150m，即令三叶玫瑰线模型中 $a=150$。飞艇平台的悬停高度为 22km，波束入射角为 45°，在波束扫描角为 0° 时，斜距约为 31km。系统采用可扫描的子阵结构，以扩大成像范围。详细的系统参数见表 3.5。

表 3.5　系统参数及性能指标

参数	数值	参数	数值
中心频率/GHz	15	子阵方位向尺寸/m	0.6
子带信号数量/个	28	子阵数量/个	28
子带信号带宽/MHz	5	子带信号时宽/μs	10
子带信号频率间隔/MHz	5	发射信号总带宽/MHz	140
同频脉冲数量(运动目标探测时)/个	16	脉冲重复频率/Hz	4000
平台高度/km	22	波束入射角/(°)	45
斜距向合成分辨率/m	约1.0	方位向分辨率(斜距31km处)/m	约4.0

采用与 3.2 和 3.3 节相同的稀疏阵,28 个子阵分别位于:1,2,4,5,6,9,12,16,17,26,35,44,53,62,71,80,89,98,107,116,117,121,124,127,128,129,131,132。再将稀疏阵列各子阵在直线上的位置投影到三叶玫瑰线上,即可获得与艇身共形的布局结构。子阵方位向尺寸为 0.6m,方位向等效满阵长度为 78.6m。

1. 对地成像仿真

在对地成像算法中,利用了子带信号相参累加以提高距离向分辨率的方法,首先通过仿真验证该方法的有效性。仿真中利用 28 个带宽为 5MHz 的子带信号进行脉冲压缩处理,图 3.47 中分别展示了第 1 个子带信号脉冲压缩的结果和将 28 个子带信号脉冲压缩后相参累加的结果,可见通过子带信号的相参累加可提高距离向分辨率。

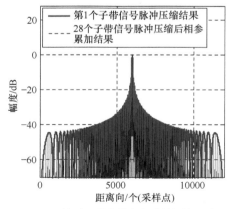

(a) 第1个子带信号脉冲压缩结果与28个
子带信号脉冲压缩后相参累加结果对比图

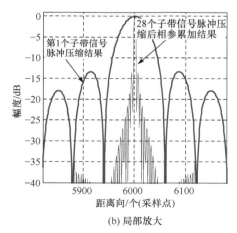

(b) 局部放大

图 3.47　子带信号相参累加以提高距离向分辨率示意图

利用表 3.5 中系统参数,分别对波束扫描角为 0°和 45°场景中的点目标进行成像。场景中设置 9 个静止点目标,利用 BP 算法进行成像的结果如图 3.48 和图 3.49 所示。

通过图 3.48(a)和图 3.49(a)可以看出,由于子带信号为窄带信号,因此用子带信号成像时获得的距离向分辨较低。将 28 个子带信号的成像结果进行相参累加可提高对地成像的距离向分辨率,如图 3.48(b)和图 3.49(b)所示。

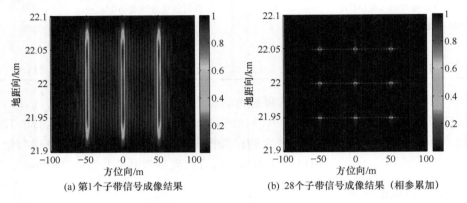

(a) 第1个子带信号成像结果　　　　　　(b) 28个子带信号成像结果（相参累加）

图 3.48　波束扫描角为 0°时静止点目标成像结果

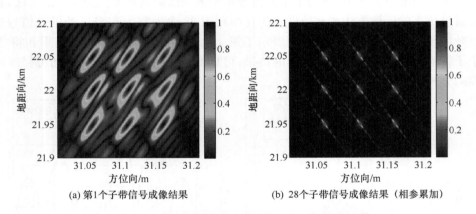

(a) 第1个子带信号成像结果　　　　　　(b) 28个子带信号成像结果（相参累加）

图 3.49　波束扫描角为 45°时静止点目标成像结果

2. 运动目标探测仿真

分别对波束扫描角为 0°和 45°的情况进行仿真,设置 9 个静止目标和 5 个运动目标,静止目标和运动目标的相对位置如图 3.50 所示。假设各运动目标的速度相同,方位向速度为 0m/s,地距向速度为 25m/s。

由于采用压缩感知的方法对运动目标图像进行重建,而该方法对于待重建信号中的噪声干扰情况有一定的要求。下面将分别在无噪声和存在噪声的情况下对

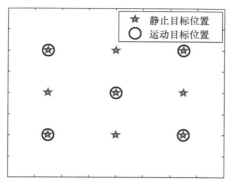

图 3.50　运动目标与静止目标相对位置示意图

运动目标进行图像重建的仿真实验。

　　对波束扫描角为 0° 和 45° 的场景,分别在无噪声干扰和子带回波信号中存在噪声干扰(信噪比为 10dB 和 0dB)的情况下用压缩感知的方法对运动目标图像进行重建和非相参累加处理,仿真结果如图 3.51~图 3.56 所示。

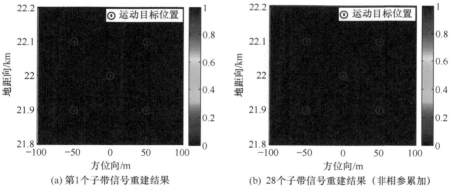

(a) 第1个子带信号重建结果　　　　　　　　(b) 28个子带信号重建结果 (非相参加)

图 3.51　波束扫描角为 0° 时运动目标图像重建结果,无噪声干扰

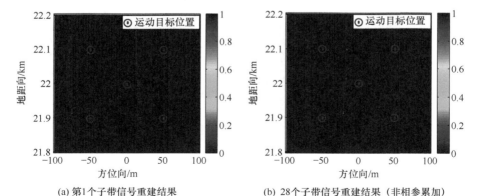

(a) 第1个子带信号重建结果　　　　　　　　(b) 28个子带信号重建结果 (非相参加)

图 3.52　波束扫描角为 0° 时运动目标图像重建结果,子带回波信号信噪比为 10dB

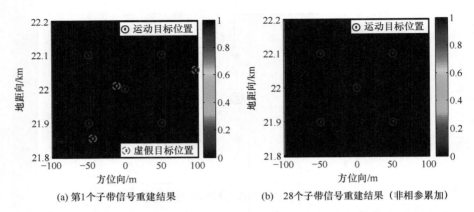

(a) 第1个子带信号重建结果　　　　(b) 28个子带信号重建结果（非相参累加）

图 3.53　波束扫描角为 0°时运动目标图像重建结果，子带回波信号信噪比为 0dB

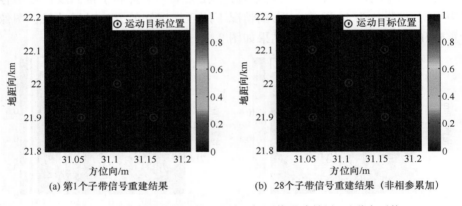

(a) 第1个子带信号重建结果　　　　(b) 28个子带信号重建结果（非相参累加）

图 3.54　波束扫描角为 45°时运动目标图像重建结果，无噪声干扰

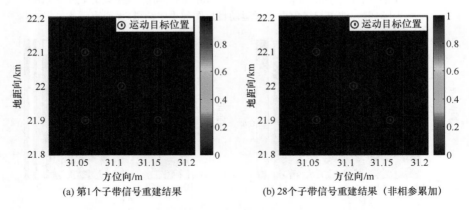

(a) 第1个子带信号重建结果　　　　(b) 28个子带信号重建结果（非相参累加）

图 3.55　波束扫描角为 45°时运动目标图像重建结果，子带回波信号信噪比为 10dB

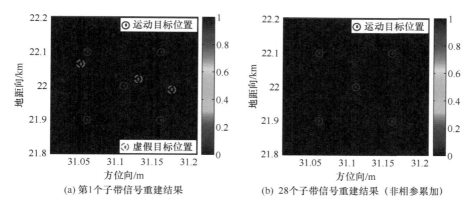

(a) 第1个子带信号重建结果　　　　　　(b) 28个子带信号重建结果（非相参累加）

图 3.56　波束扫描角为 45°时运动目标图像重建结果，子带回波信号信噪比为 0dB

　　将各子带信号对运动目标图像重建的结果进行非相参累加的具体实现方式为：取各子带信号对运动目标图像重建结果的幅度，并进行归一化处理，再将所有重建结果进行累加获得非相参累加的重建结果。

　　当回波信号中无噪声干扰时，用压缩感知的方法对子带信号可以较好地实现对运动目标图像的重建，同时确定运动目标真实的空间位置。当回波信号存在噪声干扰，若待重建信号的信噪比较高（仿真中子带回波信号的信噪比为 10dB），利用压缩感知的方法仍可较好地实现对运动目标图像的重建，并获得运动目标的精确位置；若待重建信号的信噪比较低（仿真中子带回波信号的信噪比为 0dB），子带信号的重建图像中会出现虚假目标，通过子带信号重建结果的非相参累加处理可抑制虚假目标。仿真结果表明该方法对子带信号中存在一定噪声干扰时仍然有效。

3.5　小　　结

　　针对平流层飞艇工作平台，基于稀疏线阵天线，本章首先介绍了艇载雷达对地成像技术。根据平流层飞艇悬停和低速运动的特点，采用稀疏阵列时分多相位中心孔径综合成像方法减少了传统满阵天线中的实际子阵数目，从而大大降低了系统的复杂度，且避免了稀疏阵天线旁瓣较高的问题；为提高系统作用距离，采用带宽较小的多频正交信号形成多发多收的工作模式，再通过频率拼接提高距离分辨率；由于稀疏阵列天线长度远小于场景宽度，系统采用了子孔径成像方法，并将曲线拟合和自聚焦处理相结合，解决存在阵列形变误差时的精确成像问题。然后介绍了基于压缩感知的艇载稀疏线阵天线雷达运动目标成像算法，该方法对采用传统 MTI 技术进行杂波抑制后的稀疏信号，在距离向使用脉冲压缩处理方式，在方位向根据稀疏阵列构型和脉冲压缩后信号形式构造基矩阵,利用压缩感知理论对运动目标图像进行重建。为了提高发射功率,采用多频正交信号实现多发多收,最后在图像域通过相参叠加提高距离分辨率。

　　最后介绍了艇载共形稀疏阵列天线雷达对地成像和运动目标探测技术。采用基于三叶玫瑰线艇身模型的布阵方式,实现了阵列天线与艇身的共形布局。各子阵同时发射多脉冲频分正交信号,利用多发多收的回波信号,采用与阵列构型无关的 BP 算法完成各子带信号对地成像处理,并将各子带信号的成像结果相参累加以提高图像距离向分辨率。利用一发多收的多脉冲回波信号,经静止杂波抑制后获得稀疏的场景,采用压缩感知的方法完成子带信号对运动目标图像的重建,并将各子带信号的重建结果非相参累加以提高对运动目标探测的信噪比。本章的研究工作对艇载阵列天线成像雷达的研制具有重要的参考价值。

参 考 文 献

[1] http://www. globalsecurity. org/intell/systems/haa. htm[2014-01-30].

[2] Lord R T, Inggs M R. High resolution SAR processing using stepped-frequencies[C]. IGARSS, Singapore, 1997: 490-492.

[3] 白霞,毛士艺,袁运能. 时域合成带宽方法:一种 0. 1 米分辨率 SAR 技术[J]. 电子学报, 2006, 34(3): 472-477.

[4] Soumekh M. Synthetic Aperture Radar Signal Processing with Matlab Algorithms [M]. New York: Wiley-Interscience, 1999.

[5] 李道京,张麟兮,俞卞章. 近程合成孔径雷达子孔径数据的成像处理[J]. 数据采集与处理, 2003, 18(3): 282-286.

[6] Wahl D E, Elchel P H, Ghiglia D C, et al. Phase gradient autofocus-a robust tool for high resolution SAR phase correction[J]. IEEE Transactions on AES, 1994, 30(3): 827-835.

[7] Baraniuk R, Steeghs P. Compressive radar imaging[C]. IEEE Radar Conference, Waltham, USA,2007:128-133.

[8] 刘永坦, 等. 雷达成像技术[M]. 哈尔滨:哈尔滨工业大学出版社,1999.

[9] 保铮,邢孟道,王彤. 雷达成像技术[M]. 北京:电子工业出版社,2005.

[10] Grant M, Boyd S. Cvx: Matlab software for disciplined convex programming. http://stanford. edu/~boyd/cvx[2009-09-14].

[11] Boyd S, Vandenberghe L. Convex Optimization[M]. U. K: Cambridge University Press, 2004.

[12] 黄源宝,李真芳,保铮. 机载大斜视 SAR 的快速简易成像方法[J]. 西安电子科技大学学报,2004, 31(4): 543-546.

[13] Rabideau D J. Nonlinear synthetic wideband waveforms[C]. IEEE Radar Conference, CA, USA, 2002: 212-219.

[14] Levanon N, Mozeson E. Nullifying acf grating lobes in stepped-frequency train of LFM

pulses［J］. IEEE Transactions on AES, 2003, 39(2)：694-703.

［15］ Gladkova I, Chebanov D. Suppression of grating lobes in stepped-frequency train［C］. IEEE Radar Conference, VA, USA, 2005：371-376.

［16］ Hou Y, Li D, Yin J, et al. Study on airship imaging radar based on aperture synthesis antenna［C］. 7th European Conference on Synthetic Aperture Radar (EUSAR 2008), Friedrichshafen, Germany, 2008：1-4.

［17］ 侯颖妮, 李道京, 洪文. 基于稀疏阵列和压缩感知理论的艇载雷达运动目标成像研究［J］. 自然科学进展, 2009, 19(10)：1110-1116.

［18］ 夏中贤. 平流层飞艇总体性能与技术研究［D］. 南京航空航天大学硕士研究生学位论文, 2006.

［19］ 张玉洁, 龚书喜, 王文涛, 等. 基于改进遗传算法的非规则共形阵的研究［J］. 电波科学学报, 2010, 25(4)：689-695.

［20］ Han B, Ding C, Liang X, et al. A new method for stepped-frequency SAR imaging［C］. 6th European Conference on Synthetic Aperture Radar (EUSAR 2006), Dresden, Germany, 2006.

［21］ Candes E J, Romberg J, Tao T. Robust uncertainty principles：exact signal reconstruction from highly incomplete frequency information［J］. IEEE Transactions on Information Theory, 2006, 52(2)：489-509.

第 4 章　码分信号在稀疏阵列天线雷达中的应用

4.1　引　　言

基于多频正交信号,稀疏阵列天线雷达对静止目标成像时,采用时分工作方式,实现多发多收获得相当于满阵的数据,要求目标相对于阵列静止,或者要求目标和阵列间的相对运动情况已知。文献[1~3]的研究结果表明,在时分工作方式下,采用时分工作方式换取多的相位中心进行 STAP 处理可以提高雷达系统的地面运动目标显示(ground moving target indication,GMTI)性能,但其研究只是针对发射天线比较少,发射循环周期比较短的情况。对于运动目标探测雷达,当发射天线比较多时,对采用时分工作方式获得的数据进行 STAP 处理,还存在一定的问题。对子阵较多的稀疏阵列天线雷达,用于运动目标探测时,由于其时分工作方式受到较多限制,需考虑使用码分正交信号。

对于稀疏阵列机载运动目标探测雷达,采用码分正交信号实现多发多收的工作方式,可以在同一时刻获得等效满阵的相位中心,然后采用传统的 STAP 技术进行杂波抑制并对运动目标探测[4]。对于稀疏阵列艇载雷达,可同样采用码分正交信号实现多发多收,对静止目标和运动目标实现探测和成像[5]。

基于码分正交信号,本章主要研究机载稀疏阵列雷达采用 STAP 技术进行运动目标探测的问题,以及艇载稀疏阵列雷达对地成像和对运动目标高分辨率探测的问题。

4.2　机载稀疏阵列天线雷达

用于运动目标探测的机载雷达,其稀疏阵列可布设在顺轨方向,雷达的观测视场由子阵天线的波束宽度决定,而其空间分辨率取决于整个阵列的长度,全阵可获得较高的测角分辨率,利用在顺轨方向的多个子阵及其对应的多个接收通道信号,雷达可以对地杂波实施抑制。当采用同频正交编码信号实现多发多收时,机载稀疏阵列天线雷达可以采用传统满阵天线的 STAP 技术进行杂波抑制,完成运动目标探测。

4.2.1　收发方式设计

考虑到机载运动目标探测雷达的应用条件,在保证具有一定的角分辨率条件下,为减少系统的体积和质量,雷达系统在顺轨方向采用稀疏阵列,子阵天线为有源相控阵,,其工作示意图如图 4.1 所示。

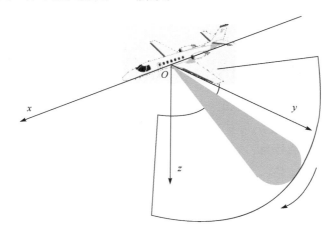

图 4.1　雷达工作示意图

　　为了能够在同一脉冲时刻获得所有的相位中心,本章采用同频正交编码序列信号实现多发多收,在接收端通过匹配滤波分离出各子阵发射的信号,可获得和满阵相同的相位中心,系统收发方式如图 4.2 所示。

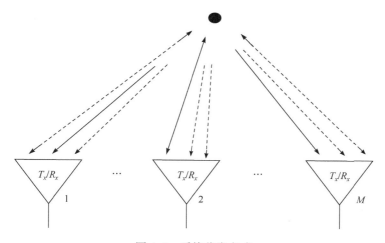

图 4.2　系统收发方式

4.2.2　码分信号稀疏阵列孔径综合

　　当系统工作在多发多收状态时,各子阵同时发射相互正交的相位编码信号,全阵处于宽带接收状态,则每个子阵都同时接收 M 组相互正交的编码信号。码分信号稀疏阵列孔径综合主要分为两部分:

第 1 步　用相应的编码序列对各子阵接收的信号进行相关处理,完成通道分离和距离向压缩,具体实现过程如下。

二相编码信号的复包络可写成

$$u(t) = \begin{cases} \displaystyle\sum_{k=0}^{Q-1} c_k v(t-k\tau), & 0 \leqslant t \leqslant T \\ 0 & \text{其他} \end{cases} \tag{4.1}$$

式中,$v(t)$ 为子脉冲函数;$c_k = +1, -1$;Q 为码长。

各子阵发射的信号为

$$s_m(t) = \sum_{k=0}^{Q-1} c_{m,k} v(t-k\tau) \exp(\mathrm{j}2\pi f_0 t), \quad m = 1, 2, \cdots, M \tag{4.2}$$

子阵 i 接收的信号去载频后为

$$x_i = \sum_{m=1}^{M} \sum_{k=0}^{Q-1} c_{m,k} v(t-k\tau-\tau_{m,i}) \exp(-\mathrm{j}2\pi\tau_{m,i}) \tag{4.3}$$

式中,$\tau_{m,i} = \tau_{t,m} + \tau_{r,i}$,$\tau_{m,i}$ 表示子阵 m 发射的信号经过目标反射后由子阵 i 接收对应的延时,$\tau_{t,m}$ 表示由发射子阵 m 到目标对应的延时,$\tau_{r,i}$ 表示目标到接收子阵 i 对应的延时。

对距离向作相关处理的参考函数为

$$s_0 = \sum_{k=0}^{Q-1} c_{m,k} v(t-k\tau-\tau_0) \tag{4.4}$$

各距离门相关输出为

$$y_i(j) = \sum_{n=0}^{L-j-1} x_i(n) s_0(n+j) = \sum_{n=0}^{L-j-1} x_m(n) s_0(n+j) + \sum_{k=1, k\neq m}^{M} \sum_{n=0}^{L-j-1} x_k(n) s_0(n+j)$$

$$\tag{4.5}$$

式(4.5)中后一部分为其他编码序列与参考序列的互相关之和,为干扰项,L 为信号采样点数(距离门数),$0 \leqslant j \leqslant L$。距离向相关处理输出主要取决于所选用序列的自相关函数,其他序列作为干扰项存在,干扰的大小由其他序列与所选用序列的互相关之和决定。

第 2 步　对通道分离出来的信号进行等效相位中心相位补偿。

4.2.3　子空间投影的杂波抑制算法

稀疏阵列各子阵接收的编码信号,经距离向脉冲压缩与孔径综合,获得相当于满阵接收的信号后,可引入传统的 STAP 技术实施杂波抑制。

本节用 STAP 技术实现杂波抑制主要采用杂波子空间投影矩阵法[6,7]。由等效满阵获得的杂波加噪声的协方差矩阵的估计值为

$$R = \frac{1}{L} \sum_{r=1}^{L} Y(r) Y (r)^{\mathrm{H}} \tag{4.6}$$

式中，$Y(r) = [y_{1,1}(r), \cdots, y_{1,K}(r), y_{2,1}(r), \cdots, y_{2,K}(r), \cdots, y_{N,1}(r), \cdots, y_{N,K}(r)]^{\mathrm{T}}$；$L$ 为距离门数；K 为孔径综合后阵列等效相位中心数目；N 为时域相干处理脉冲数。

　　由于杂波和噪声相互独立，对 R 进行特征值分解，可以得到由较大特征值对应的特征向量组成的杂波子空间 U_C，以及由较小特征值对应的特征向量组成的噪声子空间 U_N，其中，杂波子空间和噪声子空间正交。基于子空间正交的概念，可将数据投影到与杂波子空间正交的子空间来消除杂波。杂波子空间的正交投影矩阵可写成

$$P = I - \sum_{i=1}^{q} u(i) u (i)^{\mathrm{H}} \tag{4.7}$$

式中，I 为单位矩阵；$u(1), u(2), \cdots, u(q)$ 为 q 个较大特征值对应的特征向量。

　　杂波抑制后的输出为

$$Z = PY \tag{4.8}$$

　　可以看出，采用杂波子空间正交投影矩阵对数据进行滤波，可以将杂波消除到噪声水平。应当指出，q 为杂波的自由度的估计值，若 q 的估计值小于实际杂波的自由度，投影矩阵就会包含部分杂波子空间分量，将导致杂波抑制剩余；若 q 的估计值大于实际杂波的自由度，非杂波子空间就会缩小，非杂波区的响应将受到削减。

　　对采用 STAP 技术完成杂波抑制后的数据重新进行排列，得到 $K \times N \times L$ 维数据，对同一距离门数据在方位向和时域慢时间向分别进行傅里叶变换，转换到空间角度和多普勒频率域，可实现运动目标探测。

4.2.4　仿真分析

1. 仿真参数

　　系统采用正交编码序列信号，序列的自相关特性和互相关特性影响着系统的性能，下面采用平衡 Gold 码序列作为调制码。

　　假设在机身侧面顺轨方向布置 8 个尺寸为 $0.3\mathrm{m} \times 0.3\mathrm{m}$ 的子阵，优化后各子阵布置在 1, 2, 3, 6, 9, 12, 13, 14 位置，各子阵发射相互正交的编码序列，通过孔径综合处理，可以得到由 27 个间距为 $0.15\mathrm{m}$ 的相位中心组成的等效阵列。

　　表 4.1 给出了仿真的系统参数。考虑到收发双程，故其中阵列角度分辨率为 $\lambda/(2l\cos\theta_0)$，l 为阵列长度，θ_0 为天线波束扫描角。由于多发多收的工作方式，每个子阵可以同时接收到 8 组相互正交的编码信号。将接收到的信号与相应的参考序列进行相关处理，就可以分离出不同子阵发射的信号。编码信号的正交性越好，

码间干扰就越小。仿真中方位向 27 个相位中心处的数据由 8 组相互正交的编码信号组成。

表 4.1　系统参数

参数	数值	参数	数值
中心频率/GHz	10	Gold 码子码宽度/ns	20
子阵数量/个	8	Gold 码副瓣电平/dB	−28
子阵天线尺寸/(m×m)	0.3×0.3	Gold 码多普勒容限/Hz	12213
子阵波束宽度/(°)	5.7	多普勒容限对应的速度/(m/s)	183
阵列长度/m	4.2	Gold 码距离分辨率/m	3
阵列角度分辨率/(°)	0.2	脉冲重复频率/kHz	8
载机高度/km	10	相干处理脉冲数/个	32
载机速度/(m/s)	150	信噪比/dB	10
Gold 码码长	2047	杂噪比/dB	50

　　稀疏阵列码分多相位中心孔径综合实现过程如图 4.3 所示,其中纵坐标数字 1 到 8 表示子阵序号。最下面一行 8 个点表示的是稀疏子阵的位置,中间 8 行分别表示的是各子阵发射相互正交编码信号,全阵接收时所获得的相位中心,最上面一行表示的是孔径综合后的相位中心。

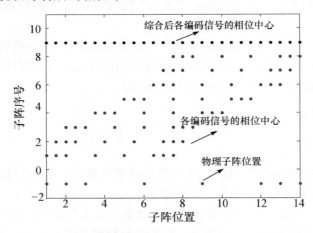

图 4.3　稀疏阵列码分多相位中心孔径综合示意图

2. 仿真结果

　　系统杂波抑制性能和杂波自由度有关,杂波的自由度对应着杂波协方差矩阵大的特征值数目,常用的杂波自由度估计依据为 Brennan 准则和 Ward 准则[8~10],

在这两个准则中阵列接收的都为同一信号,而在本章中,等效阵列接收的信号却是由正交编码序列组成的,与之相比本章中的杂波自由度具有特殊性。下面就分析编码序列数目对杂波自由度的影响情况,其中等效相位中心数目和时域相干处理脉冲数都相同。

相位中心构成方式一:8 个子阵同时接收 8 组正交编码,经孔径综合后组成 27 个相位中心;相位中心构成方式二:10 个子阵同时接收 10 组正交编码,经孔径综合后组成 27 个相位中心。

图 4.4 为在相位中心构成方式一和方式二下,杂波的特征值分布情况,可以看出,当两种方式中的等效相位中心数目和时域相干处理脉冲数都相同时,采用编码序列多的系统,杂波协方差矩阵大的特征值个数多,即杂波自由度和系统使用的编码序列数目成正比。

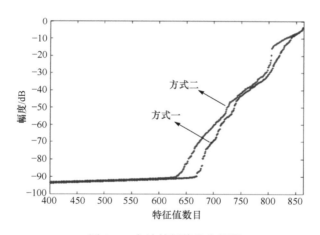

图 4.4 杂波特征值分布情况

下面的仿真主要验证系统在不同条件下的杂波抑制能力,在表 4.1 的参数下,3×6 的静止目标以 200m 等间距设置在动目标周围,杂噪比为 50dB。两个运动目标高度为 2km,信噪比为 10dB,和一组静止目标位于同一距离门。

条件 1 阵列天线扫描角为 $0°$,两个运动目标的速度相同,沿 x 方向(载机航向)速度为 150m/s,沿 y 方向(径向)速度为 120m/s,方位向间隔 70m,距离雷达斜距 11.3km(在此斜距,全阵的方位分辨率为 40m)。

条件 2 阵列天线扫描角为 $0°$,两目标方位相同,沿 x 方向速度为 150m/s,沿 y 方向速度分别为 120m/s 和 140m/s。

条件 3 阵列天线扫描角为 $45°$,两个运动目标的速度相同,沿 x 方向速度为 150m/s,沿 y 方向速度为 160m/s,方位向间隔 80m,距离雷达斜距 11.3km(在此扫描角度和斜距,全阵的方位分辨率为 56m)。

　　进行杂波抑制时,可以参考图 4.4 方式一的特征值分布情况,估计杂波子空间投影矩阵,杂波自由度取为 194。

　　图 4.5 为在条件 1 下杂波抑制前,经距离向相关处理和方位向傅里叶变换后,一个子阵的波束宽度内的动目标和静止目标分布情况,其中整个方位向场景宽度由子阵波束宽度决定,方位向分辨率由全阵波束宽度决定,可以看出,杂波抑制前,运动目标信号被杂波信号完全淹没。图 4.6 为对条件 1 的杂波进行抑制后,同一距离门的信号相干积累,方位向傅里叶变换后的结果,可以看出,经杂波抑制处理后,可以分辨出两个速度相同,方位不同的目标。图 4.7 为对条件 2 的杂波抑制处理后,同一距离门的信号相干积累,方位向傅里叶变换后的结果,可以看出,经杂波抑制处理后,可以分辨出两个方位相同,速度不同的目标。

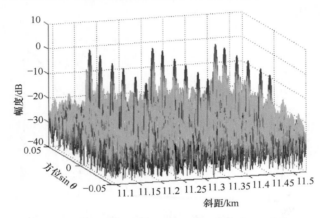

图 4.5　杂波抑制前运动目标和静止目标分布情况

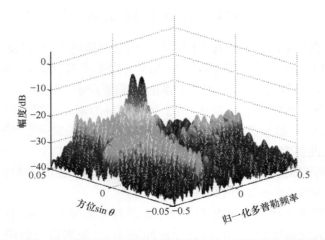

图 4.6　同一距离门杂波抑制后速度相同方位不同的两目标分辨情况

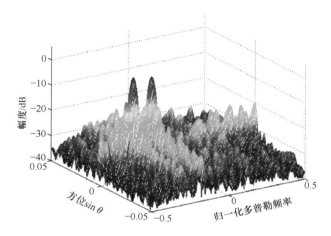

图 4.7　杂波抑制后对方位相同速度不同的两目标分辨情况

　　图 4.8 为条件 2 的杂波进行抑制后,距离向相关处理结果,其旁瓣由采用编码序列的相关函数决定,由于码间干扰的存在,使得相关处理结果的旁瓣高于表 4.1 中的－28dB。图 4.9 为图 4.7 中一目标方位向截面图,即可以看出,采用稀疏阵列码分多相位中心孔径综合,可以获得和满阵相同的方位分辨率,且避免了稀疏阵列旁瓣较高的问题。

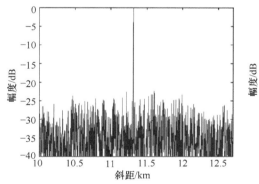

图 4.8　动目标距离向匹配滤波结果

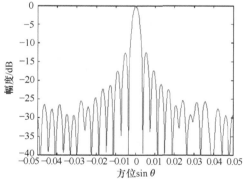

图 4.9　方位向傅里叶变换结果

　　图 4.10 为对条件 3 的杂波进行抑制处理后,在空间角度和归一化多普勒频率域的动目标分辨情况,说明了系统在波束扫描情况下的杂波抑制能力。应当指出的是,方位向不模糊区间为 $\sin\theta=\sin\theta_0+[-\lambda/(2D_x),\lambda/(2D_x)]$,$D_x$ 为子阵方位向尺寸。

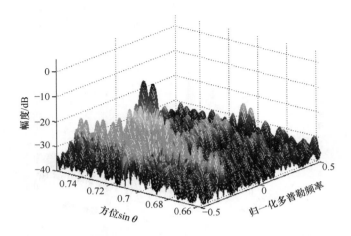

图 4.10　同一距离门杂波抑制后速度相同方位不同的两目标分辨情况(扫描角 45°)

从图 4.5 可以看出,杂波抑制前,运动目标信号被杂波信号完全淹没;从图 4.6 可以看出,经杂波抑制处理后,可以分辨出两个速度相同,方位不同的运动目标;从图 4.7 可以看出,经杂波抑制处理后,可以分辨出两个方位相同,速度不同的运动目标;从图 4.8 可以看出,码间干扰的存在,使得距离向匹配滤波结果的旁瓣高于表 4.1 中的−28dB;从图 4.9 可以看出,采用稀疏阵列码分多相位中心孔径综合,可以获得和满阵相同的方位分辨率,且方位向匹配滤波结果较为理想;图 4.10 说明了系统在波束扫描情况下的杂波抑制能力。

4.3　艇载稀疏阵列天线雷达

艇载稀疏阵列天线雷达采用同频正交编码信号实现多发多收,可以在同一时刻获得等效满阵的相位中心,实现静止和运动目标成像。为了将运动目标从静止目标(杂波)中分离出来,首先需要对静止目标(杂波)进行抑制,然后再对运动目标探测和成像。

编码信号通常采用时域相关进行处理。后向投影算法(BP 算法)为一种采用时域相关处理进行成像的算法,本节采用后向投影算法对目标成像。由于 BP 算法适用于任意阵列构型,因此采用 BP 算法对目标成像时,不再需要进行等效相位中心相位补偿。

4.3.1　基于多发多收的 BP 成像算法

稀疏阵列实孔径雷达信号采集模型如图 4.11 所示,系统工作在多发多收状态,各子阵同时发射相互正交的相位编码信号,全阵处于宽带接收状态,每个子阵

都同时接收 M 组相互正交的编码信号。平台处于悬浮状态,为实现较大区域覆盖,采用天线波束扫描的工作方式。

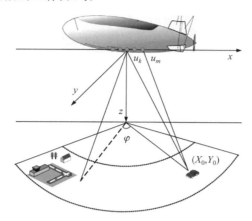

图 4.11 雷达信号采集模型

假设目标位于 (x_i,y_j),$s_m(t,u)$ 为位于 u_m 处的子阵 m 接收的信号,$p_k(t)$ 为位于 u_k 处的子阵 k 发射的信号。子阵 m 接收的信号与子阵 k 发射信号在快时间域卷积结果为

$$s_{m,k}(t,u)=s_m(t,u)\otimes p_k^*(-t) \tag{4.9}$$

其中,

$$s_m(t,u)=\sum_{L=1}^{M}p_L(t-\tau_{m,k}),\tau_{m,k}=\frac{\sqrt{(x_i-u_m)^2+y_j^2+H^2}+\sqrt{(x_i-u_k)^2+y_j^2+H^2}}{c}$$

为子阵 m 接收的由子阵 k 发射经 (x_i,y_j) 处目标回波信号的延时,式(4.9)可写成

$$s_{m,k}(t,u)=p_k(t-\tau_{m,k})\otimes p_k^*(-t)+\sum_{L=1,L\neq k}^{M}p_L(t-\tau_{m,k})\otimes p_k^*(-t) \tag{4.10}$$

式(4.10)后一部分为其他编码序列与参考序列的卷积之和,为干扰项。干扰的大小由所采用序列的正交性决定。

在 (x_i,y_j) 处目标反射率为

$$f(x_i,y_j)=\int_u s_{m,k}(t,u)\mathrm{d}u \tag{4.11}$$

其中,m 和 k 应满足 $(m+k)/2=1,0.5,\cdots,l-0.5,l$。

为了形成空间给定栅格点 (x_i,y_j) 处目标反射率函数,可将所有等效满阵相位中心处和该点对应的快时间单元相干叠加。

4.3.2 运动目标探测方法

和传统的脉冲多普勒体制雷达一样,采用脉冲串处理方式,不仅可实现静止杂

波抑制,也可以进行脉冲积累,在提升信噪比的同时,在距离-多普勒域,实现运动目标探测和测速。对于静止目标可直接采用上述算法进行成像处理,而在对动目标成像前,需要完成运动目标探测,信号处理步骤如下:

第1步 对所有子阵接收的信号采用传统的 MTI 处理(如两脉冲对消),对消掉静止目标,实现杂波抑制,保留运动目标信号;

第2步 对所有子阵接收的各编码信号进行脉冲压缩,并对不同脉冲重复周期同一距离单元的信号进行脉冲积累。

每个子阵接收 M 组编码信号,M 个子阵共接收 $M \times M$ 组编码信号,对子阵 m 接收子阵 k 的发射信号进行脉冲压缩的参考信号为

$$s_{\text{ref}} = p_k(t - \tau_{m,k}) \tag{4.12}$$

其中,$\tau_{m,k} = \dfrac{\sqrt{(X_0 - u_m)^2 + Y_0^2 + H^2} + \sqrt{(X_0 - u_k)^2 + Y_0^2 + H^2}}{c}$,$(X_0, Y_0)$ 为场景中心参考点,共构造 $M \times M$ 组参考信号,对不同收发位置采用不同参考函数,可以校正各相位中心间的距离徙动。

由于以场景中心为参考点,构造不同的脉冲压缩参考函数,因此只精确校正了参考点处目标在不同相位中心间的距离徙动,对于场景其他位置处的目标,只要校正后的各相位中心间的剩余距离徙动 Δa 在 1/4 距离分辨单元内,就可以忽略剩余距离徙动。否则就应当选取新的参考点。

$$\Delta a = |a_0 - a_{i,j}| \tag{4.13}$$

其中,$a_0 = \sqrt{(X_0 + u_1)^2 + Y_0^2 + H^2} - \sqrt{(X_0 - u_M)^2 + Y_0^2 + H^2}$ 为场景中心参考点 (X_0, Y_0) 到阵列两端到的距离差,$a_{i,j} = \sqrt{(x_i + u_1)^2 + y_j^2 + H^2} - \sqrt{(x_i - u_M)^2 + y_j^2 + H^2}$ 为场景中 (x_i, y_j) 到阵列两端到的距离差。Δa 为采用场景中心参考点对整个场景做统一距离徙动校正的剩余量。x_i 的范围由子阵波束宽度决定,y_j 由 Δa 决定,即选取 y_j 的范围应使 Δa 在一个距离分辨单元内。

第3步 由于对各相位中心间的距离徙动进行了校正,因此,可以对 $M \times M$ 组经过脉冲压缩和脉冲积累的信号在距离-多普勒域进行非向参累加,并在非相参累加的基础上实施运动目标检测,同时根据运动目标所在的多普勒通道对其速度进行估计。

经过以上三步处理,可完成运动目标探测和速度估计。在运动目标成像时,对第1步杂波抑制后的回波信号在相同距离单元进行脉冲积累,并根据第3步的结果,取出运动目标所在的等效满阵相位中心处的多普勒通道数据,在检测到的运动目标所在的距离范围内采用后向投影算法,完成运动目标成像。

采用稀疏阵列多发多收编码信号实现静止目标和运动成像时,利用不同参考序列对每个子阵接收的数据在时域进行相关处理,得到等效满阵相位中心位置处

的时域相关处理结果,在使用 BP 算法进行时域相关处理的过程中,可完成稀疏阵列的孔径综合。静止目标和运动成像流程如图 4.12 所示。

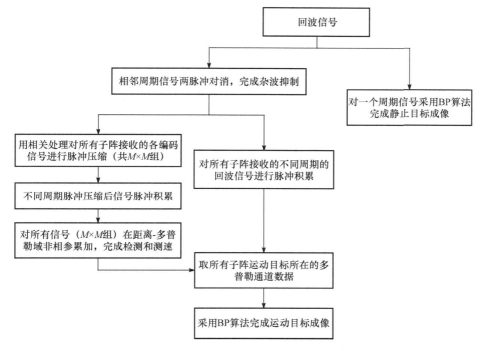

图 4.12　静止目标和运动目标成像流程

4.3.3　仿真分析

采用 28 个子阵组成的稀疏阵列,28 个子阵分别位于 1,2,4,5,6,9,12,16,17,26,35,44,53,62,71,80,89,98,107,116,117,121,124,127,128,129,131,132 位置。采用 28 组码长为 2047 的 Gold 编码序列作为发射信号,下面首先对编码序列的自相关和互相关输出结果进行分析。

图 4.13(a)为一组编码序列的自相关输出结果;图 4.13(b)为叠加后的 28 组编码序列与其中一组编码序列的互相关输出结果,相当于采用相关处理从一个子阵接收的 M 组编码信号中分离出一组编码序列;图 4.14(a)为叠加后的 28 组编码序列与相应各组编码序列分别进行相关处理,接着再进行相参累加的结果,相当先采用相关处理对一个阵接收的所有编码信号进行分离,然后再对分离出的各组编码序列进行相参累加;图 4.14(b)为叠加后的 28 组编码序列与相应各组编码序列分别进行相关处理,接着再进行非相参累加的结果。

从图 4.13 可以看出,由于编码序列的不完全正交,产生码间干扰,使得分离出

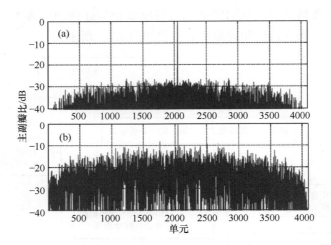

图 4.13　编码序列自相关与互相关输出结果图

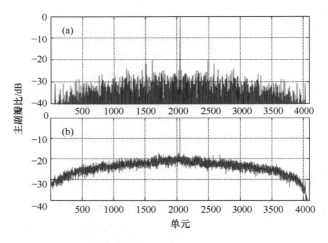

图 4.14　编码序列的互相关输出相参与非相参累加结果

的编码信号旁瓣升高,这对于采用分离出的各子阵接收的编码信号进行成像是不利的。从图 4.14 可以看出,对分离出的子阵接收的所有编码信号进行相参和非相参累加,可以降低码间干扰。因此在运动目标探测中,在所有子阵接收的不同编码信号对应距离-多普勒域数据非相参累加基础上进行检测,可以提高探测性能。

　　下面利用两个条件下的仿真,对采用稀疏阵列和码分信号的成像方法进行说明,仿真参数如表 4.2 所示。在表 4.2 中,脉压后的信噪比为 10dB,经过 32 个脉冲积累后,信噪比可以提高约 15dB,因此在距离-多普勒域运动目标获得的检测信噪比约为 25dB。

　　条件 1　假设雷达平台高 22km,波束扫描角为 0°,在斜距约 31km 处有 3 个相对于阵列法线方向的地速分别为$-20\text{m/s},-30\text{m/s},30\text{m/s}$的运动目标$A,B,C$,以场景中心为坐标原点,分别位于距离-方位$(-100,50)\text{m},(0,-50)\text{m},(100,50)$m 的位置,同时设置 9 个静止的点目标(可等效为静止杂波)分布在运动目标周围,其他仿真参数如表 4.2 所示。

表 4.2 系统仿真参数

参数	数值	参数	数值
中心频率/GHz	10	脉冲重复频率/kHz	4
子阵天线尺寸/(m×m)	0.6×0.15	Gold 码码长	2047
子阵方位向波束宽度/(°)	2.87	Gold 子码宽度/ns	20
子阵数量/个	28	距离分辨率/m	3
稀疏阵列天线长度/m	79.2	多普勒容限对应的速度/(m/s)	183
作用距离/km	31	脉压后信噪比/dB	10
方位分辨率/m	6(法线方向)	脉压后杂噪比/dB	30
子阵方位相扫范围/(°)	±45	脉冲积累数目/个	32

图 4.15 为采用一个收发周期回波信号进行成像的结果,可以看出,运动目标信号被静止目标信号淹没。图 4.16 为经过杂波抑制、距离向脉冲压缩、不同脉冲重复周期的信号脉冲积累和不同子阵信号非相参累加后,运动目标A,B,C在距离-多普勒域的分布情况,可以根据目标所在的多普勒通道对其速度进行估计,其中A,B,C分别位于 9,6,28 多普勒通道。图 4.17 为取运动目标A,B,C所在的多普勒通道数据进行成像的结果,可以看出,正确重现了运动目标的位置。

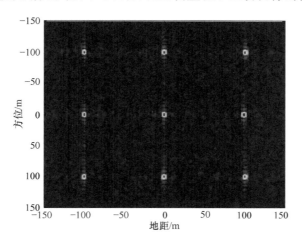

图 4.15 杂波抑制前成像结果

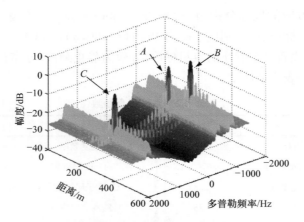

图 4.16　杂波抑制后距离-多普勒域的运动目标信号

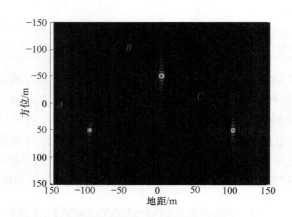

图 4.17　运动目标成像结果

　　条件 2　假设波束扫描角为 45°,有 3 个相对于阵列法线方向的地速分别为 −20m/s, −30m/s, 30m/s 的运动目标 D, E, F,以场景中心为坐标原点,分别位于距离—方位(−100,50)m,(0,−50)m,(100,50)m 的位置,其他参数设置同条件 1。

　　图 4.18 为波束扫描角 45°时,杂波抑制前的成像结果。图 4.19 为杂波抑制后距离-多普勒域的运动目标信号,其中 D, E, F 分别位于 12,9,25 多普勒通道。图 4.20 为动目标成像结果。从而对阵列波束扫描情况下算法的有效性进行了验证。

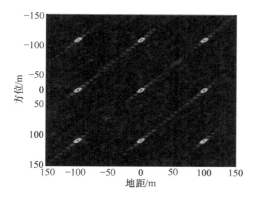

图 4.18　杂波抑制前成像结果

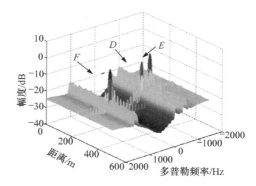

图 4.19　杂波抑制后距离-多普勒
域的运动目标信号

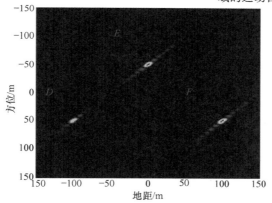

图 4.20　运动目标成像结果

4.4　小　　结

　　本章主要研究了基于码分信号的稀疏阵列对地成像和运动目标探测的问题。在波束可扫描子阵结构基础上,将正交相位编码信号引入稀疏阵列雷达系统中,每个子阵发射相互正交编码信号,全阵处于宽带接收状态,实现多发多收,使孔径综合后由不同编码信号组成的相位中心,分布情况和满阵天线的相同。针对机载稀疏阵列雷达,在孔径综合的基础上,利用杂波特征空间投影的方法完成杂波抑制,在空间角度和多普勒域内实现运动目标探测。针对艇载稀疏阵列雷达,在利用稀疏阵列多发多收相互正交的编码序列,获得的等效满阵数据基础上,分别完成静止目标成像和运动目标高分辨率探测。仿真结果表明了本章方法的有效性。

　　和多频正交信号相比,系统采用同频码分信号实现多发多收,可以在同一时刻获得相当于满阵天线接收的信号,因此在对运动目标高分辨率探测过程中,也可以同时兼顾对静止目标的成像要求,但由于编码序列不完全正交产生的码间干扰,会使相关接收信号的旁瓣升高影响对静止目标的成像效果,因此码分信号较适用于对运动目标探测的场合。

参 考 文 献

[1] Ender J, Cerutti-maori D, Bürger W. Radar antenna architectures and sampling strategies for space based moving target recognition[C]. IGARSS, Seoul, Korea, 2005:2921-2924.

[2] Ender J, Gierull C, Cerutti-maori D. Space-based moving target positioning using radar with a switched aperture antenna[C]. IGARSS, Barcelona, Spain, 2007:101-106.

[3] Cerutti-maori D, Gierull C, Ender J. First experimental demonstration of GMTI improvement through antenna switching [C]. EUSAR, Germany, 2008:1-4.

[4] 侯颖妮,李道京,洪文. 基于稀疏阵列和码分信号的机载预警雷达 STAP 研究[J]. 航空学报, 2009, 30(4): 732-737.

[5] Hou Y N, Li D J, Hong W. Airship Radar Imaging for Stationary and Moving Targets Based on Thinned Array and Code Division Signal [C], APSAR 2009, China, 2009: 625-628.

[6] Cerutti-maori D, Skupin U. First experimental scan/MTI results achieved with the multi-channel SAR-system PAMIR [C]. EUSAR, Germany, 2004:521-524.

[7] Ender J H G. Space-time processing for multichannel synthetic aperture radar[J]. Electronics & Communication Engineering Journal. 1999,(2): 29-38.

[8] Zhang Q, Mikhael W B. Estimation of the clutter rank in the case of subarraying for space-time adaptive processing[J]. Electronics Letters. 1997, 33(5): 419-420.

[9] 陆必应,梁甸农. 天基稀疏阵杂波自由度分析[J]. 电子学报. 2006, 34(6): 1134-1137.

[10] Wu Y, Tang J, Peng Y. Clutter rank of multi-dimensional sparse array radar[C]. IEEE Radar conference, USA, 2007:463-468.

第5章 机载稀疏阵列天线雷达下视三维成像

5.1 引　　言

基于阵列天线的成像雷达已得到比较深入的研究,如德国 DLR 开展了利用交轨阵列天线进行前视成像的视景增强的新型区域成像雷达(sector imaging radar for enhanced vision,SIREV)系统研制,为飞机提供前方的高分辨率雷达图像,并进行了飞行试验,验证了原理的正确性和可行性[1]。其中,阵列天线采用单发多收的工作方式。当利用交轨阵列天线下视观测时,就可以实现三维成像。

1999 年,Gierull 等提出了机载下视成像雷达 ADIR[2],将实孔径与合成孔径技术相结合,通过发射单频信号可实现二维成像。在 2004 年的 EUSAR 会议上,Giret 等提出了机载下视毫米波 3D-SAR 概念[3]。由于 3D-SAR 系统的天线垂直指向地面,因此,不仅可避开地物阴影的影响,而且小的入射角可以降低系统的发射功率。

如上所述,前视 SAR 和 3D-SAR 的交轨分辨率受限于交轨天线的长度,在高空作业中,为了获得足够高的交轨分辨率,就需要较长的交轨天线,由此会产生大量的子天线和接收通道,不利于实际应用。为此,迫切需要采用稀疏天线来降低系统的复杂,同时又要很好地保证其成像效果。

2006 年,德国 FGAN-FHR 开展了低空无人机载毫米波三维下视成像雷达 ARTINO 的研究工作[4~6]。该系统中,发射单元位于阵列两端,接收单元位于阵列中间,采用时分工作方式获得的虚拟满阵天线单元位于发射和接收单元位置中间,相应的相位中心数目为发射单元和接收单元的乘积。由于采用时分工作方式,系统脉冲重复频率和飞机速度都受到了一定的限制,为此,Klare 于 2008 年进一步探讨了采用频率分集和波形分集技术缓解此问题的方案[7]。

为减少系统实际使用的子阵天线数目,降低系统复杂度,本章以采用子阵数量最少为准则,研究了稀疏阵列天线在机载下视三维成像雷达中的应用问题。基于稀疏阵列天线,在单发多收方式下,利用时分多相位中心孔径综合获取下视三维成像所需的等效满阵数据,并针对平台运动对时分多相位中心孔径综合的影响,给出了具体的补偿算法;采用频分正交信号实现多发多收,通过构造与空间位置有关的匹配滤波器实现相位中心参考点的统一,并将子带信号合成宽带信号以提高距离分辨率。在此基础上,设计了重过航飞行稀疏采样方案,以解决载机飞行高度较高时下视三维成像交轨向分辨较低的问题。

5.2　系　统　描　述

5.2.1　成像几何模型

基于稀疏阵列天线的机载下视 3D-SAR 系统成像模型如图 5.1 所示，X 轴为顺轨向；Y 轴为交轨向；Z 轴为高程向（距离向）；载机的飞行高度为 H；飞行速度为 v。

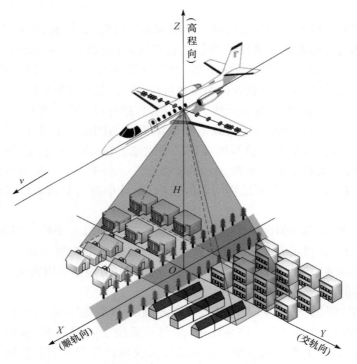

图 5.1　机载稀疏阵列天线下视 3D-SAR 系统的成像模型

在交轨向采用稀疏阵列天线，各子阵同时收发频分正交信号，顺轨向利用载机的运动形成合成孔径，可实现对观测场景的三维分辨成像。交轨向分辨率 ρ_c 由稀疏阵列天线的有效长度决定，顺轨向分辨率 ρ_a 由子阵顺轨向尺寸决定，距离向分辨率 ρ_r 由发射信号总带宽决定。在正下视模型下，其表达式分别为

$$\left.\begin{array}{l} \rho_c = \dfrac{\lambda R}{2L} \\[2mm] \rho_a = \dfrac{D}{2} \\[2mm] \rho_r = \dfrac{c}{2B} \end{array}\right\} \tag{5.1}$$

其中,λ 为发射信号波长;R 为斜距;L 为交轨向阵列的有效长度;D 为子阵顺轨向尺寸;c 为光速;B 为发射信号总带宽。

5.2.2　阵列布局

根据接收等效相位中心原理,在收发分置的两个子阵中间位置会产生虚拟的等效相位中心,如图 5.2 所示。假设发射子阵的空间位置为 (u_t,v_t,H),接收子阵的空间位置为 (u_r,v_r,H),则由这两个子阵收发所产生等效相位中心的空间位置为 $((u_t+u_r)/2,(v_t+v_r)/2,H)$。

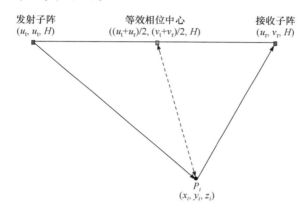

图 5.2　接收等效相位中心原理示意图

由于在接收等效相位中心原理下可以产生新的相位中心,从而可以考虑对稀疏阵列天线的位置进行优化。采用以获得等效满阵相位中心为约束条件的优化方法,即对于给定数量的子阵,利用模拟退火算法对其空间位置进行优化,使得在各子阵多发多收条件下,产生的相位中心分布情况和满阵天线相同时,所占据的空间位置最多。

对于 M 个子阵,经优化后分布在 1 到 N 的空间位置上,用位置向量 $L=[1,\cdots,N]_{1\times M}$ 来表示其空间位置分布。设 $I=[1,\cdots,1]_{1\times M}$ 为全 1 向量,则各子阵多发多收可获得的等效相位中心位置的集合可表示为

$$F(M)=(L^{\mathrm{T}}I+I^{\mathrm{T}}L)/2 \tag{5.2}$$

根据图 5.2 可知,等效相位中心位于收发子阵的中间位置,故优化问题的约束条件为 $1,1.5,2,\cdots,N-0.5,N\in F(M)$,目标函数是找到满足约束条件的最大的 N 值。

采用上述算法,对 M 个子阵进行优化后,最多可占据 N 个空间位置(可获得 $2N-1$ 个等效相位中心)。假设子阵之间的间隔 d,则所获得的等效相位中心构成间隔为 $d/2$ 的等间隔分布满阵,交轨向阵列长度为 $L(L=(N-1)d)$。

5.3　单发多收系统成像处理

5.3.1　收发方式

　　稀疏阵列目标响应函数的旁瓣比较高,不适于在对地观测中使用,但可以考虑优化稀疏阵列天线单元的位置,使其在各子阵轮流发射,全阵接收的条件下,产生与满阵天线相同的相位中心分布。

　　由于飞机作业高度低,且天线垂直指向地面,同样的系统性能指标下,所需发射功率较低,因此在一个收发周期内,采用单发多收方式。图 5.3 为系统的单发多收工作模式,其中 T_x 表示发射,R_x 表示接收。一个孔径综合周期由 M 个脉冲收发周期组成,在每个脉冲收发周期中只有一个子阵发射信号,全阵接收,且发射子阵每次各不相同。

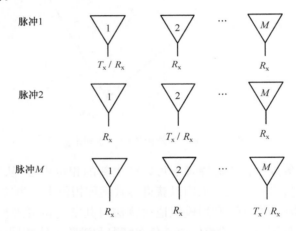

图 5.3　单发多收系统工作模式

5.3.2　信号处理

　　1. 运动补偿

　　系统采用时分多相位中心孔径综合法,存在由子阵数目和脉冲重复周期之积决定的孔径综合周期,平台的运动使得不同脉冲下得到的等效相位中心,在顺轨向发生相对运动,一个孔径综合周期获得的等效相位中心将不在同一直线上,因此,需要进行相应的运动补偿,使其等效为满阵的相位中心分布,才能进行后续三维成像处理。

　　运动补偿分为两步进行:

　　第 1 步　是等效相位中心相位补偿,设 y 为平台运动方向,m_t,m_r 分别为发射子阵和接收子阵的位置，$m=(m_t+m_r)/2$ 为等效接收子阵的位置，则在第 k 个顺轨采样点，第 m 个等效相位中心处所补偿相位应为

$$\Delta\varphi_{k,m}=\frac{2\pi}{\lambda}\left(\sqrt{(x_0+m_t)^2+(y_0+\Delta y_i)^2+z_0^2}+\sqrt{(x_0+m_r)^2+(y_0+\Delta y_i)^2+z_0^2}\right)$$

$$-\frac{4\pi}{\lambda}\sqrt{(x_0+m_e)^2+(y_0+\Delta y_i)^2+z_0^2}$$

$$(5.3)$$

其中，$\Delta y_i=\dfrac{M\cdot v}{\text{PRF}}(k-L)+\dfrac{v}{\text{PRF}}(i-1)$，$k=1,\cdots,2L-1$，$i=1,2,\cdots,M,2L-1$ 为顺轨采样数；Δy_i 为在第 k 个顺轨采样点；第 i 个脉冲时刻相对于第一个脉冲时刻平台移动的距离；v 为平台运动速度；PRF 为脉冲重复频率。

第 2 步　是在第 1 步基础上，对由于子阵相对位置差造成的接收回波超前或滞后的相位进行补偿，则对各相位中心处的数据所补偿的相位应为

$$\Delta\varphi_{k,j}=\frac{4\pi}{\lambda}\left(\sqrt{x_0^2+\left[y_0+\frac{M\cdot v}{\text{PRF}}(k-L)+\Delta y_j\right]^2+z_0^2}-\sqrt{x_0^2+\left[y_0+\frac{M\cdot v}{\text{PRF}}(k-L)\right]^2+z_0^2}\right)$$

$$(5.4)$$

其中，$j=1,2,\cdots,2N-1$，Δy_j 为在平台的运动方向；第 j 个相位中心相对于第 1 个相位中心的位置移动量。

经过上述处理，就补偿了由于平台运动造成的等效相位中心不在同一直线上的影响，使得补偿后的数据等效于由运动平台上的均匀线列阵接收的数据。

2. 三维成像处理

对于运动平台上稀疏阵列接收的数据，经过运动补偿，可认为是由运动平台上的满阵天线获取的信号。考虑到交轨稀疏阵列天线尺寸远小于波束宽度决定的场景宽度，其成像处理可利用基于子孔径数据（只对于交轨向）的三维成像算法[8,9]完成。

如图 5.1 所示，设空间目标位于 (x_n,y_n,z_n)，则 SAR 回波信号为

$$s(t,v,u)=\sum_n\sigma_n p\left[t-\frac{2\sqrt{(x_n-v)^2+(y_n-u)^2+z_n^2}}{c}\right]\qquad(5.5)$$

其中，u 为顺轨采样位置；v 为交轨采样位置；相对于快时间 t 的傅里叶变换为

$$s(w,v,u)=P(w)\sum_n\sigma_n\exp\left[-\text{j}2k\sqrt{(x_n-v)^2+(y_n-u)^2+z_n^2}\right],\quad k=w/c$$

$$(5.6)$$

利用驻相原理可得，式(5.4)相对于 u,v 的二维傅里叶变换为

$$S(w,k_u,k_v) = P(w)\sum_n \sigma_n \exp\left[-j\sqrt{4k^2 - k_u^2 - k_v^2}z_n - jk_u y_n - jk_v x_n\right]$$

$$(5.7)$$

位于空间 $(x,y,z)=(0,0,Z_n)$ 处单个目标的回波信号为

$$s_0(t,v,u) = p\left[t - \frac{2\sqrt{v^2 + u^2 + Z_n^2}}{c}\right] \qquad (5.8)$$

式(5.8)三维傅里叶变换为

$$S_0(w,k_u,k_v) = P(w)\exp(-j\sqrt{4k^2 - k_u^2 - k_v^2}Z_n) \qquad (5.9)$$

由式(5.7)和式(5.9)可得

$$F(w,k_u,k_v) = S(w,k_u,k_v)S_0^*(w,k_u,k_v)$$
$$= \sum_n \sigma_n \exp(-j\sqrt{4k^2 - k_u^2 - k_v^2}(z_n - Z_n) - jk_u y_n - jk_v x_n)$$

$$(5.10)$$

令 $k_z(w,k_u,k_v) = \sqrt{4k^2 - k_u^2 - k_v^2}$，$k_y(w,k_u,k_v) = k_u$，$k_x(w,k_u,k_v) = k_v$，式(5.10)可写成

$$F(k_z,k_y,k_x) = \sum_n \sigma_n \exp(-jk_z(z_n - Z_n) - jk_y y_n - jk_x x_n) \qquad (5.11)$$

可以看出,式(5.11)通过三维反傅里叶变换就可以重建空间目标。需要指出的是,从 (w,k_u,k_v) 域到 (k_z,k_y,k_x) 域的三维映射是非线性的,$F(k_z,k_y,k_x)$ 的有效数据是非均匀间隔的,需要在 k_z 域进行数据内插。

5.3.3　仿真参数

下面考虑一分辨率约为 0.5m×0.5m×0.5m 的三维成像系统。当雷达工作在 Ka 波段,交轨阵列天线尺寸约为 6m,平台飞行高度 800m 时,地面目标的交轨分辨率约 0.5m。设置其信号带宽为 300MHz,其高程分辨率可达 0.5m。

当交轨天线选为稀疏阵列天线时,成像视场(幅宽)由子阵天线的波束宽度决定。为了获得适当的视场宽度,选取子阵天线的交轨向尺寸为 2.5cm,交轨向视场宽度(幅宽)约 250m。进一步,从工程实现考虑,选取子阵天线的顺轨向尺寸为40cm,此时的顺轨理论分辨率为 20cm,实际应用中可做 2 视处理,在改善图像质量的同时,使其顺轨分辨率与交轨和距离分辨率基本一致。

对于 6.175m 长的阵列天线,当子阵间隔为天线尺寸时,需要子阵单元数目247 个;当系统采用本章中的工作模式时,对子阵位置进行优化后仅需 40 个子阵,一个孔径综合周期综合的相位中心为 493 个,各相位中心间隔 0.0125m,优化后各子阵位于 1,2,3,4,7,9,10,13,20,22,25,26,28,33,47,61,75,89,103,117,131,145,159,173,187,201,215,220,222,223,226,228,235,238,239,241,244,245,

246,247 位置。

当载机平台的最大飞行速度为 50m/s 时,对应顺轨向尺寸为 40cm 子阵天线,SAR 为保证顺轨向信号不模糊的最小脉冲重复频率为 250Hz。当子阵数量为 40 个时,考虑到一个交轨孔径综合周期将由 40 个脉冲重复周期组成,系统脉冲重复频率设置为 10kHz(对应的不模糊距离为 15km),此时顺轨合成孔径向等效脉冲重复频率为 250Hz。

该系统的其他详细参数和性能指标如表 5.1 所示。

表 5.1　系统参数和性能指标

参数	数值	参数	数值
中心频率/GHz	37.5	脉冲重复频率/kHz	10
交轨稀疏天线长度/m	6.175	信号带宽/MHz	300
子阵数量/个	40	高程分辨率/m	0.5
子阵天线尺寸/(cm×cm)	2.5×40(交轨×顺轨)	顺轨分辨率(2 视)/m	0.4
子阵交轨波束宽度/(°)	18.3	交轨分辨率(机下点)/m	0.53
成像幅宽/m	256(高度 800m)	顺轨等效重频率/Hz	250
平台最大速度/(m/s)	50	交轨孔径综合周期/ms	4

在上述系统参数下,时分多相位中心孔径综合实现过程如图 5.4 所示,其中纵坐标数字 1 到 40 为脉冲数。最下面一行 40 个点表示的是优化后稀疏子阵的位置,中间 40 行分别表示的是稀疏阵 1 到 40 号子阵轮流发射,每次全阵接收所获得的等效相位中心,最上面一行表示的是从中间 40 行选取的等效相位中心。

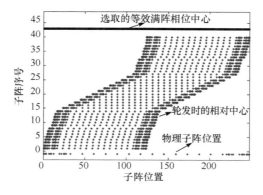

图 5.4　稀疏阵时分多相位中心孔径综合示意图

5.3.4　仿真结果

系统采用时分多相位中心孔径综合法,平台的运动,使得一个孔径综合周期内不同脉冲下得到的等效相位中心不在同一直线上,从而会影响三维成像质量,针对此情况,给出了具体的运动补偿方法。由于等效相位中心相位补偿、运动补偿的精度都和参考点的位置有关,在下面的仿真中,设参考点位于场景边缘(125,0,800)m 处,目标位于(0,0,800)m 处,分析参考点的选取对成像影响,并对运动补偿方法的有效性进行验证。

表 5.1 参数下,当平台速度为 50m/s 时,一个脉冲间隔平台向前运动 0.005m,一个孔径综合周期平台向前运动 0.2m,即系统顺轨向空间等效采样间隔为 0.2m。

从图 5.5 可以看出,平台运动主要影响了顺轨和交轨的脉冲响应;从图 5.6 可以看出,经过运动补偿后,系统各方向的脉冲响应均达到了理想结果。这个仿真结果,不仅表明了文中给出的运动补偿方法的有效性,而且还表明在上述参数下,参考点的选取对成像结果的影响可以忽略。

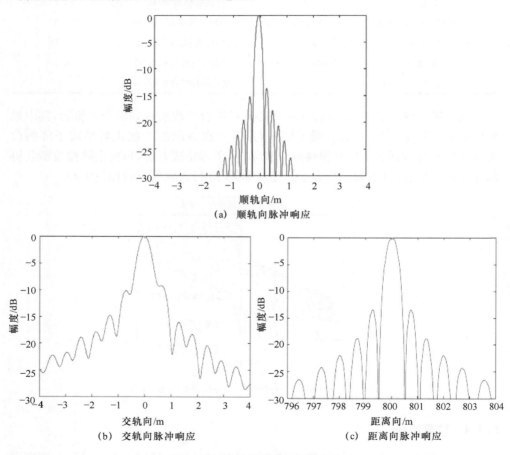

(a) 顺轨向脉冲响应

(b) 交轨向脉冲响应　　　　　　　(c) 距离向脉冲响应

图 5.5　未进行运动补偿脉冲响应

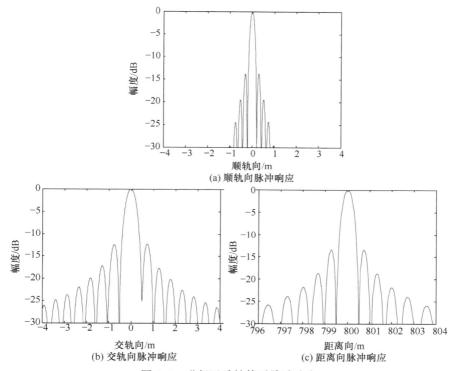

(a) 顺轨向脉冲响应

(b) 交轨向脉冲响应

(c) 距离向脉冲响应

图 5.6　进行运动补偿后脉冲响应

　　下面的仿真中,参数如表 5.1 所示,在图 5.1 的 xyz 坐标系中存在 7 个目标,分别位于 $(0,0,800)$m,$(0,0,794)$m,$(0,0,788)$m,$(-4,-2,794)$m,$(-4,2,794)$m,$(4,-2,794)$m,$(4,2,794)$m 处,空间分布情况如图 5.7 所示。选择参考点为 $(0,0,800)$m,获得的三维成像结果和二维剖面图如图 5.8~图 5.10 所示,图 5.9 和图 5.10 的垂直向表征了目标的归一化幅值。

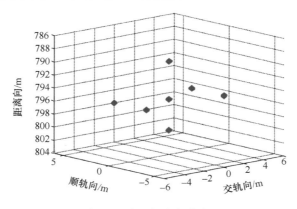

图 5.7　点目标空间分布图

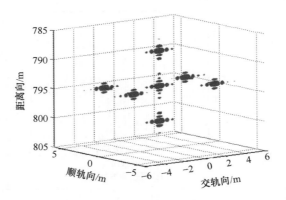

图 5.8　点目标三维成像结果

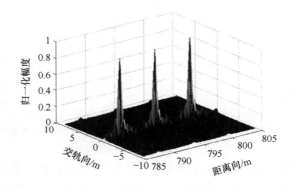

图 5.9　顺轨 0m 处二维剖面图

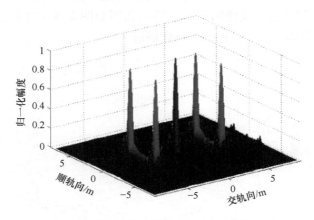

图 5.10　距离向(高程)794m 处二维剖面图

从上述仿真结果可看出,采用稀疏阵列时分多相位中心孔径综合法,不仅减少了天线数目,降低了系统复杂度,还能获得较理想的三维成像结果。

5.4　多发多收系统成像处理

5.4.1　收发方式

为充分利用交轨向各子阵,系统将采用各子阵同时收发的方式实现成像。但各子阵同时发射同频信号会相互干扰,因此需采用正交信号实现多发多收。可考虑的正交信号有正负线性调频信号、码分正交信号以及频分正交信号,它们的互相关函数如图 5.11 所示。正负线性调频信号的互相关函数并不是趋于零的,而且正负线性调频信号只有两个可供选择,不能满足多个子阵同时发射的需求。通过比较码分正交信号和频分正交信号的互相关函数,可见频分正交信号的互相关函数的归一化幅度值要比码分正交信号的低得多,表明频分正交信号的正交性优于码分正交信号,因此本节将选用频分正交信号作为发射信号,实现各子阵的同时收发。

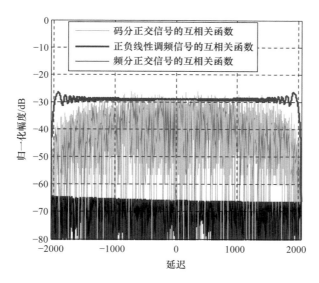

图 5.11　正负线性调频信号、码分正交信号及频分正交信号的互相关函数

由于交轨向有 M 个子阵,需选用 M 个频分正交信号实现多发多收。一个孔径综合周期中各频率信号的发射顺序如图 5.12 所示,以保证各频率信号在所有交轨子阵上轮发一遍。即一个孔径综合周期由 M 个脉冲时刻组成,各子阵在每个脉冲时刻发射不同频率的正交信号。假设系统的脉冲重复频率为 PRF,则每个孔径综合周期时间为 M/PRF。

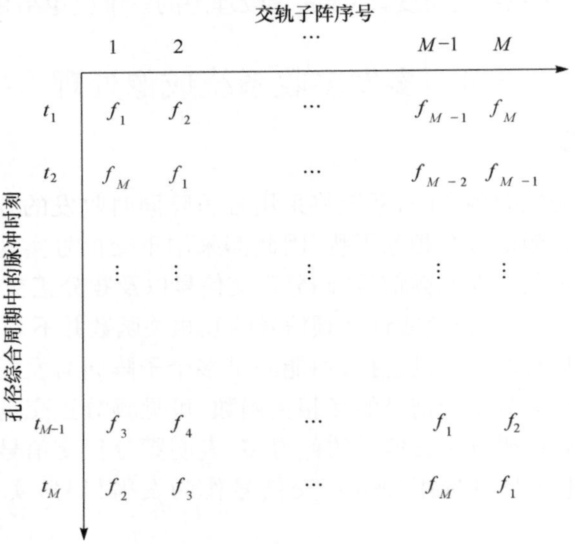

交轨子阵序号

图 5.12　一个孔径综合周期中各频率信号的发射顺序

子阵的发射信号为不同中心频率的线性调频信号,定义为子带信号。各子带信号中心频率间隔等于子带信号的带宽[10]。第 k 个子带信号的中心频率可表示为

$$f_k = f_0 + \left(k - \frac{1}{2} - \frac{M}{2}\right) B_s, \quad k = 1, 2, \cdots, M \tag{5.12}$$

其中,B_s 为子带信号的带宽;f_0 为系统的工作频率;M 为子带信号数量。因此,发射信号的总带宽为 $B = MB_s$。

第 k 个子带信号可以表示为

$$p_k(t) = \text{rect}\left(\frac{t}{T_p}\right) \exp\{j2\pi f_k t + j\pi K_r t^2\}, \quad k = 1, 2, \cdots, M \tag{5.13}$$

其中,T_p 为子带信号的脉冲宽度;$K_r = B_s/T_p$ 为调频率;$\text{rect}(\cdot)$ 表示矩形函数。

$$\text{rect}(t) = \begin{cases} 1, & |t| \leqslant \dfrac{1}{2} \\ 0, & |t| > \dfrac{1}{2} \end{cases} \tag{5.14}$$

5.4.2　信号处理

1. 回波信号

各子阵同时发射频分正交信号,在一个孔径综合周期中,每个频率都可获得

M^2 组回波数据,而等效相位中心位置只有 $2N-1$ 个,因此需要对冗余的回波数据进行选择。本节将采用文献[11]中给出的选取原则(选取收发子阵距离最近时的回波数据)对数据进行选择,即对于产生同一个等效相位中心的不同收发组合,选择其中收发子阵空间位置最接近的一组。

假设顺轨向的采样点数为 N_a,第 n_a($n_a=1,2,\cdots,N_a$)个顺轨向采样点的 X 轴坐标值为 u_{n_a}(u_{n_a} 为每个孔径综合周期起始时刻的顺轨向采样位置);第 n_c($n_c=1,2,\cdots,2N-1$)个交轨相位中心的 Y 轴坐标值为 v_{n_c}。

$$u_{n_a}=(n_a-1)\frac{Mv}{\mathrm{PRF}} \tag{5.15}$$

$$v_{n_c}=(n_c-1)\frac{d}{2}-\frac{L}{2} \tag{5.16}$$

根据数据选取原则,假设产生第 n_c 个交轨相位中心的发射和接收子阵的 Y 轴坐标值分别为 $v_{et}(n_c)$ 和 $v_{er}(n_c)$,则有

$$v_{n_c}=(v_{et}(n_c)+v_{er}(n_c))/2 \tag{5.17}$$

假设观测区域中第 i 个点目标的空间位置为 $P_i(x_i,y_i,z_i)$,散射系数为 σ_i,则对于第 k 个子带信号,在第 n_a 个顺轨向采样点的第 n_c 个交轨相位中心处的回波信号可以表示为

$$s_k(t,u_{n_a},v_{et}(n_c),v_{er}(n_c),\Delta_{kn_c})=\sum_i\sigma_i \cdot p_k(t-\tau_i(u_{n_a},v_{et}(n_c),v_{er}(n_c),\Delta_{kn_c}))$$

$$\tag{5.18}$$

其中,Δ_{kn_c} 表示第 k 个子带信号产生第 n_c 个交轨相位中心时与本次孔径综合周期起始时刻 X 轴坐标的差值(具体数值与子带信号的发射顺序和数据选取原则有关),$\tau_i(u_{n_a},v_{et}(n_c),v_{er}(n_c),\Delta_{nk_c})$ 为第 k 个子带信号在第 n_a 个顺轨向采样点产生第 n_c 个交轨相位中心的收发子阵到第 i 个点目标的往返延时。

$$\tau_i(u_{n_a},v_{et}(n_c),v_{er}(n_c),\Delta_{kn_c})=\frac{R_i(u_{n_a},v_{et}(n_c),\Delta_{kn_c})+R_i(u_{n_a},v_{er}(n_c),\Delta_{kn_c})}{c}$$

$$\tag{5.19}$$

其中,c 为光速,$R_i(u_{n_a},v_{et}(n_c),\Delta_{kn_c})$ 和 $R_i(u_{n_a},v_{er}(n_c),\Delta_{kn_c})$ 分别为第 k 个子带信号在第 n_a 个顺轨向采样点产生第 n_c 个交轨相位中心的发射子阵和接收子阵到第 i 个点目标的距离历程。

$$\left.\begin{array}{l}R_i(u_{n_a},v_{et}(n_c),\Delta_{kn_c})=\sqrt{(u_{n_a}+\Delta_{kn_c}-x_i)^2+(v_{et}(n_c)-y_i)^2+(H-z_i)^2}\\[2mm]R_i(u_{n_a},v_{er}(n_c),\Delta_{kn_c})=\sqrt{(u_{n_a}+\Delta_{kn_c}-x_i)^2+(v_{er}(n_c)-y_i)^2+(H-z_i)^2}\end{array}\right\}$$

$$\tag{5.20}$$

2. 三维成像处理

子带信号需在各子阵上轮发以获得等效满阵,载机运动使得一个孔径综合周

期内各子带信号所获得的等效相位中心空间位置不同,因此需要对各子带回波信号进行相位补偿以使其具有相同的空间参考位置,从而可将子带信号合成宽带信号提高距离向分辨率。具体三维成像处理流程如图 5.13 所示。

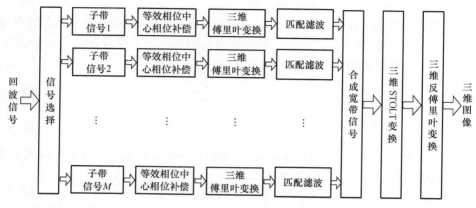

图 5.13　三维成像处理流程图

由于各子阵同时发射频分正交信号,并且同时接收,故实际中各子阵接收的回波信号是 M 个子带信号的累加。但是各子带信号是正交的,通过与之相应的匹配滤波器即可实现分离,可认为各频率子带信号的处理互不影响(暂不考虑信号非理想正交所带来的影响),故只给出子带信号处理的相关表达式。

1) 等效相位中心相位补偿

为获得与满阵天线相同的成像结果,对等效相位中心处的回波信号需要进行相位补偿,使其相位与该等效相位中心处自发自收时的相位相同。

本节中考虑采用波束可扫描的子阵结构,为不失一般性,假设交轨向波束的扫描角为 θ。进行等效相位中心相位补偿时以场景中心 $(0,H\tan\theta,0)$ 作为参考点,对于第 k 个子带信号,在第 n_a 个顺轨向采样点的第 n_c 个交轨相位中心处的回波信号相位与该等效相位中心处自发自收的回波信号相位差为

$$\Delta\varphi_k(u_{n_a},v_{et}(n_c),v_{er}(n_c),\Delta_{kn_c})=\varphi_{tk}+\varphi_{rk}-\varphi_{ek} \tag{5.21}$$

$$\left.\begin{array}{l}\varphi_{tk}=\dfrac{2\pi}{\lambda_k}\sqrt{(u_{n_a}+\Delta_{kn_c})^2+(v_{et}(n_c)-H\tan\theta)^2+H^2}\\[3mm]\varphi_{rk}=\dfrac{2\pi}{\lambda_k}\sqrt{(u_{n_a}+\Delta_{kn_c})^2+(v_{er}(n_c)-H\tan\theta)^2+H^2}\\[3mm]\varphi_{ek}=\dfrac{4\pi}{\lambda_k}\sqrt{(u_{n_a}+\Delta_{kn_c})^2+(v_{n_c}-H\tan\theta)^2+H^2}\end{array}\right\} \tag{5.22}$$

其中,$\lambda_k=c/f_k$ 为第 k 个子带信号的波长。

经过等效相位中心相位补偿后,第 k 个子带在第 n_a 顺轨向采样点的第 n_c 个

交轨相位中心处的回波信号可近似表示为

$$s_k(t,u_{n_a},v_{n_c},\Delta_{kn_c}) \approx \sum_i \sigma_i \cdot p_k(t-\tau_i(u_{n_a},v_{n_c},\Delta_{kn_c})) \tag{5.23}$$

$$\tau_i(u_{n_a},v_{n_c},\Delta_{kn_c}) = \frac{2R_i(u_{n_a},v_{n_c},\Delta_{kn_c})}{c}$$

$$= \frac{2\sqrt{(u_{n_a}+\Delta_{kn_c}-x_i)^2+(v_{n_c}-y_i)^2+(H-z_i)^2}}{c} \tag{5.24}$$

2）三维傅里叶变换

对上述经等效相位中心相位补偿后的子带回波信号进行三维傅里叶变换。第 k 个子带回波信号的三维波数域表达式为

$$S_k(k_t,k_u,k_v) = P_k(k_t) \cdot \left\{ \sum_i \sigma_i \cdot \exp\{j\varphi_k\} \right\} \tag{5.25}$$

$$\varphi_k = k_u\Delta_{kn_c} - k_u x_i - k_v y_i - \sqrt{4k_t^2-k_u^2-k_v^2}(H-z_i) \tag{5.26}$$

其中，k_t 为距离向波数；k_u 为顺轨向波数；k_v 为交轨向波数；$P_k(k_t)$ 为第 k 个子带信号 $p_k(t)$ 的波数域表达式，可由其傅里叶变换表达式 $P_k(f_t)$ 经变换得到。$P_k(f_t)$ 的表达式为[12]

$$P_k(f_t) = \frac{1}{\sqrt{K_r}}\exp\left\{j\frac{\pi}{4}\mathrm{sgn}(K_r)\right\}\mathrm{rect}\left(\frac{f_t-f_k}{K_r T_p}\right)\exp\left\{-j\pi\frac{(f_t-f_k)^2}{K_r}\right\} \tag{5.27}$$

利用频率域 f_t 到波数域 k_t 的映射关系

$$k_t = \frac{2\pi f_t}{c} \tag{5.28}$$

即可得到 $P_k(k_t)$ 的表达式。

3）匹配滤波

由于每个孔径综合周期由 M 个脉冲时刻组成，而在每个脉冲时刻，各子阵均同时发射不同频率的子带信号，因此，在同一个孔径综合周期中，不同交轨相位中心的 X 轴（顺轨向）坐标值可能是不同的，即回波信号的相位中存在 Δ_{kn_c} 的影响。

为了使各子带回波信号孔径综合后的相位中心等效在同一空间参考点，构造了与空间位置有关的匹配滤波器。根据所采用的信号收发准则构造匹配滤波器的形式，对于第 k 个子带回波信号，构造与空间位置有关的匹配滤波器为（参考点为坐标原点 $(0,0,0)$）

$$h_k(t,u_{n_a},v_{n_c},\Delta_{kn_c}) = \mathrm{rect}\left(\frac{\tau_0-t}{T_p}\right)\exp\{j2\pi f_k(\tau_0-t)+j\pi K_r(\tau_0-t)^2\} \tag{5.29}$$

其中，τ_0 为第 k 个子带信号在第 n_a 个顺轨向采样点的第 n_c 个交轨相位中心到参考点的往返延时。

$$\tau_0 = \frac{2R_0}{c} = \frac{2\sqrt{(u_{n_a} + \Delta_{kn_c})^2 + v_{n_c}^2 + H^2}}{c} \tag{5.30}$$

将该匹配滤波器变换到三维波数域中得到

$$H_k(k_t, k_u, k_v) = P_k^*(k_t) \cdot \exp\{-jk_u \Delta_{kn_c} + j\sqrt{4k_t^2 - k_u^2 - k_v^2} H\} \tag{5.31}$$

其中，$(\cdot)^*$ 表示取共轭。

将式（5.31）与式（5.25）相乘，即可获得第 k 个子带回波信号匹配滤波后的三维波数域表达式

$$
\begin{aligned}
S_{kM}(k_t, k_u, k_v) &= S_k(k_t, k_u, k_v) \cdot H_k(k_t, k_u, k_v) \\
&= |P_k(k_t)|^2 \cdot \sum_i \sigma_i \cdot \exp\{-jk_u x_i - jk_v y_i + j\sqrt{4k_t^2 - k_u^2 - k_v^2} z_i\}
\end{aligned}
\tag{5.32}
$$

经过上述匹配滤波处理后，回波信号相位中与 Δ_{kn_c} 有关的项已被消除。因此不同频率子带回波信号孔径综合后等效相位中心的空间参考位置一致，为后面将子带信号合成宽带信号提供了条件。

4）子带信号合成宽带信号

由于各子带信号均为窄带信号，可获得的距离向分辨率较低，为了提高距离向分辨率，需将子带信号合成宽带信号。将子带信号合成宽带信号一般有两种方式，即时域合成和频域合成[13~15]。采用时域合成需要对窄带信号进行升采样以满足宽带信号的采样要求，效率较低，因此本节将采用在频域（波数域）合成的方式。各子带回波信号分别作匹配滤波处理后，将它们在距离波数域中相参累加，即可合成宽带信号。但由于各子带信号经匹配滤波后在距离波数域中相参累加时所形成的谱是不连续的，使得空间域图像中出现"伪影"。因此，需要构造一个补偿滤波器，以使合成后信号的距离向频谱是连续的。

用发射的子带信号来构造补偿滤波器，将所有子带信号变换到距离波数域中进行匹配滤波处理后相参累加得到 $P(k_t)$。利用 $P(k_t)$ 来构造补偿滤波器，其表达式为

$$
H'(k_t) = \begin{cases} \dfrac{P^*(k_t)}{|P(k_{ta})|}, & k_t < k_{ta} \\[2mm] \dfrac{1}{P(k_t)}, & k_{ta} < k_t < k_{tb} \\[2mm] \dfrac{P^*(k_t)}{|P(k_{tb})|}, & k_t > k_{tb} \end{cases}
\tag{5.33}
$$

其中，区间 $[k_{ta}, k_{tb}]$ 包含重建波数的主要部分。

在距离波数域中，将式（5.33）与由各子带回波信号经匹配滤波后合成的宽带信号相乘，即可得到距离向频谱连续的合成宽带信号。

5）三维 STOLT 变换

由于三个方向上的波数 (k_t, k_u, k_v) 并不满足正交关系，需要对其进行三维的 STOLT 变换

$$\left.\begin{aligned} k_x &= k_u \\ k_y &= k_v \\ k_z &= -\sqrt{4k_t^2 - k_u^2 - k_v^2} \end{aligned}\right\} \tag{5.34}$$

由于 k_z 是关于 (k_t, k_u, k_v) 的非线性映射，因此变换中需要对其进行插值，以使变换后 k_z 是均匀分布的。

通过上述变换将 (k_t, k_u, k_v) 映射为 (k_x, k_y, k_z) 后，合成宽带信号的波数域表达式为

$$S_s(k_x, k_y, k_z) = |P(k_x, k_y, k_z)|^2 \cdot \sum_i \sigma_i \cdot \exp\{-jk_x x_i - jk_y y_i - jk_z z_i\} \tag{5.35}$$

再对上述合成宽带信号进行三维反傅里叶变换，即可获得空间域三维图像。

5.4.3　扫描方式和仿真参数

考虑设计一分辨率为 $1m \times 1m \times 1m$ 的机载下视 3D-SAR 系统。雷达的工作频率选在 Ku 波段，考虑实际飞机的翼展长度，交轨向子阵数量选为 16，经优化后可占据 47 个空间位置，子阵交轨向尺寸为 0.3m，因此交轨向阵列天线长度为 13.8m。为使机下点交轨向分辨率达到 1m，载机飞行高度选为 1300m。交轨向子阵的 3dB 波束宽度约为 3.8°，对应的地面观测幅宽约为 86m，很难满足一般测绘的需求。

当系统采用可扫描的子阵结构时，可通过子阵波束在交轨向扫描来扩大观测幅宽。目前有两种扫描模式，即 ScanSAR 模式和 SweepSAR 模式。ScanSAR 扫描模式是以降低顺轨向分辨率为代价来扩大观测幅宽，而 SweepSAR 扫描模式则是以提高系统的脉冲重复频率为代价来扩大观测幅宽。

当子阵顺轨向尺寸为 0.4m，载机飞行速度为 70m/s 时，保证顺轨向不模糊的最小脉冲重复频率 PRF 为 350Hz。一个孔径综合周期由 16 个脉冲时刻组成，因此系统的 PRF 需大于 5.6kHz。若子阵的扫描角需达到 ±30° 以扩大幅宽，采用 SweepSAR 模式需扫描 15 个波驻位置，此时成像幅宽可达到 1500m，但系统的 PRF 需大于 84kHz，这不仅影响了测高范围，而且在工程上难以实现。

本章考虑采用 ScanSAR 模式和 SweepSAR 模式相结合的扫描方式实现宽幅成像。假设系统的 PRF 最大为 20kHz，可用 3 个 SweepSAR 模式波驻位置来扩大成像幅宽。由于顺轨向的全孔径分辨率为 0.2m，可以考虑将其降低到 1m，即可用 ScanSAR 模式覆盖 5 个子条带。

　　ScanSAR 模式和 SweepSAR 模式相结合的扫描方式的具体实现方式如图 5.14 所示,由 3 个 SweepSAR 模式的波驻位置组成 1 个 ScanSAR 子条带,总的观测幅宽由 5 个这样的 ScanSAR 子条带构成,此时成像幅宽可达到 1500m。

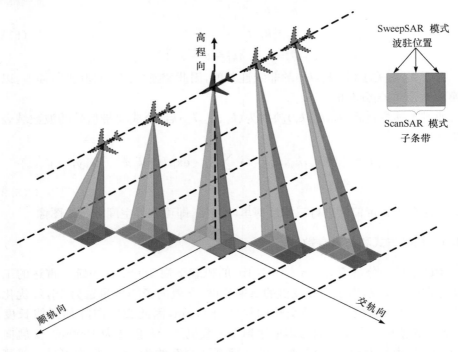

图 5.14　ScanSAR 模式与 SweepSAR 模式相结合的扫描方式示意图

　　对于上述扫描模式,每个 SweepSAR 模式波驻位置采用的 PRF 相同,因此对每个 ScanSAR 模式子条带中 3 个 SweepSAR 模式波驻位置获取的回波信号进行抽取,数据经重新排列后即可实现对每个 ScanSAR 模式子条带的成像。再对每个 ScanSAR 模式子条带图像采用传统的方法完成图像拼接以实现宽幅成像。

　　为使得距离向分辨率达到 1m,系统带宽应为 150MHz,由于有 16 个子带信号,故选择子带信号的带宽为 10MHz,系统总带宽为 160MHz。根据上述分析,确定系统参数及性能指标如表 5.2 所示。

表 5.2　系统参数及性能指标

参数	数值	参数	数值
载机飞行高度/m	1300	载机飞行速度/(m/s)	70
雷达工作频率/GHz	15	PRF(扫描模式)/kHz	16.8

续表

参数	数值	参数	数值
子带信号带宽/MHz	10	波驻位置	15
交轨向子阵数量/个	16	系统总带宽/MHz	160
子阵交轨向尺寸/m	0.3	子阵顺轨向尺寸/m	0.4
子阵交轨向 3dB 波束宽度/(°)	3.8	交轨向阵列有效长度(全阵)/m	13.8
距离向分辨率/m	约 1.0	交轨向分辨率(机下点)/m	约 1.0
顺轨向分辨率(全孔径)/m	0.2	单波束观测幅宽(机下点)/m	约 86
顺轨向分辨率(扫描模式)/m	1.0	扫描模式下观测幅宽/m	约 1500

5.4.4　仿真结果

　　首先通过仿真实验来说明合成宽带信号时所用补偿滤波器的作用。将各子带回波信号分别做脉冲压缩处理后进行相参累加,得到的合成宽带信号的距离向幅度谱如图 5.15 所示。用发射信号构造的补偿滤波器的幅度谱如图 5.16 所示。

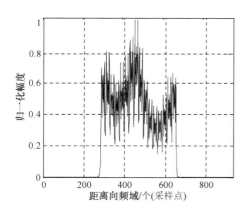

图 5.15　合成宽带信号的距离向幅度谱　　　　　图 5.16　补偿滤波器幅度谱

　　利用图 5.16 所示的补偿滤波器与合成宽带信号的距离向频谱相乘,完成补偿后的效果如图 5.17 所示。图 5.18 展示了利用补偿滤波器进行补偿后的脉冲压缩后结果和补偿之前的脉冲压缩后结果的比较,可见通过补偿处理可以有效地消除"伪影"。

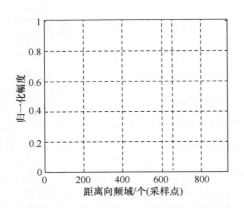 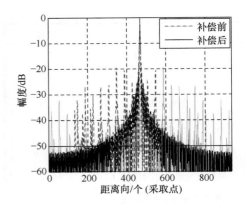

图 5.17　合成宽带信号补偿后的距离向幅度谱　　图 5.18　合成信号补偿前后的脉冲压缩结果

　　由于回波信号中存在冗余,需要对接收回波信号进行选取,针对本节中采用的稀疏阵列天线布局,对冗余数据进行选取的情况如图 5.19 所示。利用选取到的回波数据即可获得与满阵相同的相位中心,从而获得与满阵天线相同的成像结果。

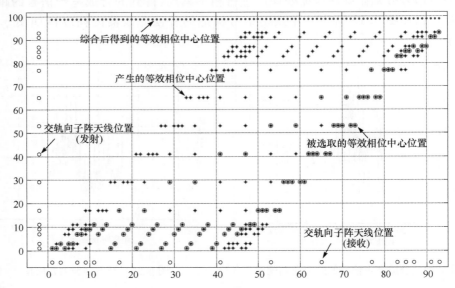

图 5.19　对于冗余数据的选取情况示意图

　　由于本节考虑了交轨向波束扫描的情况,所以利用表 5.2 给出系统参数,分别对正下视场景和侧视场景(交轨向波束扫描角为 30°)的点目标进行了三维成像仿真。

　　场景 1:正下视场景,场景中设置 7 个点目标分别位于(0,0,0),(0,0,10),(5,3,10),(5,−3,10),(−5,3,10),(−5,−3,10),(0,0,20),其量纲单位为米,点目

标的空间分布情况如图 5.20(a)所示。

　　利用本节中所述的三维成像方法进行成像,获得的三维成像结果如图 5.20 (b)所示。图 5.20(c)为顺轨向 0m 处的交轨向-高程向二维切面,图 5.20(d)为高程向 10m 处的交轨向-顺轨向二维切面,图 5.20(e)为交轨向 0m 处的顺轨向-高程向二维切面。

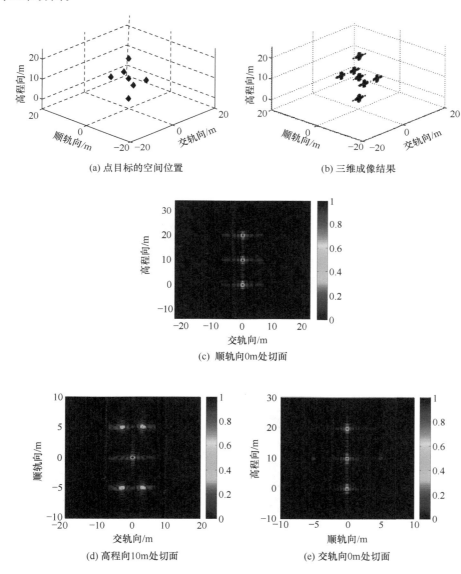

(a) 点目标的空间位置　　　　　　　　　　　(b) 三维成像结果

(c) 顺轨向0m处切面

(d) 高程向10m处切面　　　　　　　　　　　(e) 交轨向0m处切面

图 5.20　正下视场景点目标三维成像结果

　　场景 2:侧视场景(交轨向波束扫描角为 30°),场景中设置 7 个点目标分别位于(0,750,0),(0,750,10),(5,753,10),(5,747,10),(−5,753,10),(−5,747,10),(0,750,20),其量纲单位为米,点目标的空间分布情况如图 5.21(a)所示。

　　利用本节中所述的三维成像方法进行成像,获得的三维成像结果如图 5.21(b)所示。图 5.21(c)为顺轨向 0m 处的交轨向-高程向二维切面,图 5.21(d)为高程向 10m 处的交轨向-顺轨向二维切面,图 5.21(e)为交轨向 750m 处的顺轨向-高程向二维切面。

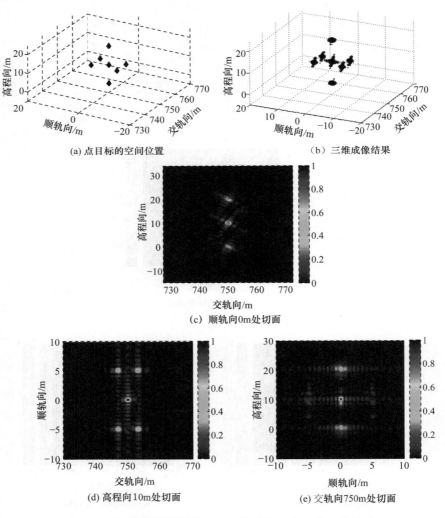

(a) 点目标的空间位置　　　　　　　　(b) 三维成像结果

(c) 顺轨向0m处切面

(d) 高程向10m处切面　　　　　　　(e) 交轨向750m处切面

图 5.21　交轨向波束扫描为 30°场景点目标三维成像结果

　　以上两组仿真结果表明,采用本节所给出的三维成像方法不论是在正下视情况下,还是在交轨向波束扫描的情况下都可以较好的实现点目标的三维成像。

　　由仿真数据量较大,上述仿真中只设置了一个较小的场景,对于波束覆盖区域边缘的点目标,用场景中心作为参考点进行等效相位中心补偿,仿真表明也可以获得理想的成像效果。

5.5　稀疏重过航飞行成像处理

　　前面分析了机载阵列天线下视三维成像雷达系统,其基本工作原理是,利用分布在交轨方向的阵列天线沿顺轨方向运动实现对观测场景的三维分辨成像。顺轨向分辨率利用合成孔径原理获得,高程向(距离向)分辨率利用发射的宽带信号经脉冲压缩处理获得,交轨向分辨则是利用分布于交轨向的阵列天线获得[16]。

　　对于机下点位置,其交轨向分辨率可用 $\rho_c = \lambda H/2L$ 来表示。可见交轨向分辨率是由发射信号波长 λ,载机飞行高度 H 以及交轨向阵列天线的有效长度 L 共同影响的。

　　对于机载交轨阵列天线雷达系统,由于载机的翼展尺寸有限,导致交轨向的阵列天线长度受到限制。对于给定波长的发射信号,若要提高交轨向分辨率,只能降低飞行高度。由德国 FGAN-FHR 所设计的 ARTINO 系统交轨向阵列的有效长度只有 4m,发射载频为 37.5GHz 的毫米波信号,当载机飞行高度为 200m 时,在机下点位置可获得约 0.2m 的交轨向分辨率。对于 5.4 节中所设计的系统,交轨向阵列的有效长度为 13.8m,发射信号载频为 15GHz,当载机飞行高度为 1300m 时,交轨向分辨率可达到约 1m。当载机飞行高度上升到 10km 时,上述两个系统机下点位置的交轨向分辨将分别下降为 10m 和 7m。

　　当载机飞行高度较高时,为解决机载交轨阵列天线雷达系统交轨向分辨较低的问题,本节考虑采用重过航飞行的方式,在交轨向获得一个等效大阵。同时为减少重过航飞行的次数,设计了以 Barker 码作为采样准则的随机稀疏重过航方案,利用尽可能少的重过航飞行次数获得要求的交轨向分辨率。分别对未稀疏的、等间隔稀疏的和以 Barker 码作为采样准则随机稀疏的重过航时构成的交轨向等效大阵方向图进行了分析,并利用子阵方向图加权的方法[17],抑制稀疏阵列天线栅瓣的影响,并改善其峰值旁瓣比和积分旁瓣比。

5.5.1　重过航飞行系统描述

　　机载交轨阵列天线雷达系统,交轨向仍采用稀疏阵列天线结构,以减轻系统的体积和质量,并将降低系统实现的复杂度。机载稀疏阵列天线雷达系统稀疏飞行下视三维成像的几何模型如图 5.22 所示。交轨向上所用稀疏阵列天线的布局与

5.2 节中的相同,共有 M 个稀疏分布的子阵,占据 N 个空间位置,空间位置间隔为 d,因此交轨向稀疏阵列天线长度为 $L(L=(N-1)d)$。各子阵同时收发频分正交信号,单过航时,利用多相位中心孔径综合原理,可将稀疏阵列天线等效为满阵(满阵由 $2N-1$ 个间隔为 $d/2$ 的等效相位中心构成)。单过航时交轨向分辨率由稀疏阵列天线有效长度决定,重过航时交轨向分辨率由重过航飞行所构成的交轨向等效大阵的有效长度决定。

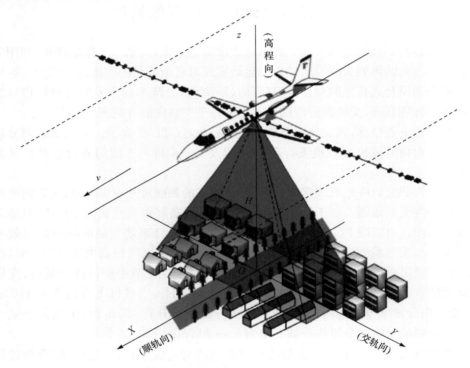

图 5.22　机载稀疏阵列天线雷达稀疏飞行下视三维成像几何模型示意图

　　在图 5.22 的坐标系中,X 轴为顺轨向,Y 轴为交轨向,Z 轴为高程向(距离向),载机的飞行高度为 H,飞行速度为 v。

5.5.2　重过航的采样方式

　　对于机载交轨稀疏阵列天线雷达系统,交轨向阵列天线的长度受载机翼展尺寸的限制。而其交轨向分辨率与载机飞行高度和交轨向阵列天线有效长度有关,当载机飞行高度升高时,要保证交轨向分辨率,就必须增大交轨向阵列长度。为了解决载机运行在高空时提高交轨向分辨率的问题,考虑采用重过航飞行的方案,通过载机的重过航飞行,可在交轨向获得一个等效大阵。为了利用尽可能少的重过航飞行次数获得要求的阵列长度,考虑采用稀疏重过航的方案。

目前可选择两种实现稀疏重过航的采样方式:一种是等间隔稀疏采样;另一种是随机稀疏采样。等间隔稀疏采样,即以相同的采样间隔对数据进行抽取,以达到稀疏采样的目的。而随机稀疏采样,则是根据一定准则实现对数据的随机抽取,完成稀疏采样,随机采样可减少稀疏采样产生的栅瓣对成像的影响。

本节中考虑采用 Barker 码作为随机采样的准则,因为 Barker 码是一种具有旁瓣等值特性的随机信号[18]。Barker 码共有 7 种,如表 5.3 所示。

图 5.23 给出了 13 位 Barker 码([1111100110101])采样序列的自相关函数,图 5.24 给出了 13 位等间隔采样序列([1010101010101])的自相关函数。通过自相关函数的比较,可见 Barker 码序列的自相关函数仅有单个峰值,且其旁瓣值较低。

表 5.3　7 种 Barker 码

码长	码
2	11 或(10)
3	110
4	1110 或(1101)
5	11101
7	1110010
11	11100010010
13	1111100110101

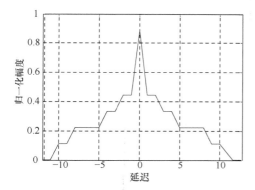

图 5.23　13 位 Barker 码序列的自相关函数

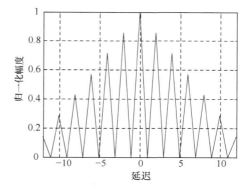

图 5.24　13 位等间隔采样序列的自相关函数

利用 13 位 Barker 码序列([1111100110101])形式构成的子阵间隔为半波长的稀疏阵列天线的阵列因子如图 5.25 所示,利用 13 位等间隔采样序列([1010101010101])形式构成的子阵间隔为半波长的稀疏阵列天线的阵列因子如图 5.26 所示,其中"1"表示存在子阵的空间位置,"0"表示不存在子阵的空间位置。显然,Barker 码序列形式构成的稀疏阵列天线阵列因子没有栅瓣影响。

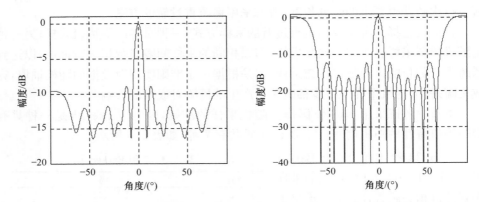

图 5.25　以 13 位 Barker 码序列形式构成的　图 5.26　以 13 位等间隔采样序列形式构成的
稀疏阵列天线阵列因子(子阵间隔为半波长)　稀疏阵列天线阵列因子(子阵间隔为半波长)

　　稀疏重过航方案的选择,需综合考虑交轨向分辨率、单过航交轨向阵列有效长度、载机飞行高度等因素。可根据特定的载机飞行高度和需要达到的交轨向分辨率,确定交轨向有效阵长,然后再选择相应的稀疏方案。对于载机飞行高度较低的情况,可选用长度较短的 Barker 码实现随机稀疏重过航飞行。

5.5.3　方向图分析

　　天线的方向图描绘了天线辐射特性随着空间方向坐标的变化关系,通过方向图可获得 3dB 波束宽度、主瓣宽度、峰值旁瓣比、积分旁瓣比、栅瓣位置等表征天线的特性[19]。

　　根据方向图乘积原理[20],阵列方向图 $F(\theta)$ 等于子阵方向图 $F_e(\theta)$ 与阵列因子 $S(\theta)$ 的乘积,即

$$F(\theta) = F_e(\theta)S(\theta) \tag{5.36}$$

　　对于一个由 N 个间隔为 d,波束指向为 θ_0 的天线单元组成的等间隔线性阵列天线,其阵列因子可以表示为

$$S(\theta) = 1 + e^{jkd(\sin\theta - \sin\theta_0)} + e^{j2kd(\sin\theta - \sin\theta_0)} + \cdots + e^{j(N-1)kd(\sin\theta - \sin\theta_0)}$$
$$= \frac{\sin[Nkd(\sin\theta - \sin\theta_0)/2]}{\sin[kd(\sin\theta - \sin\theta_0)/2]} \tag{5.37}$$

其中,λ 为波长,$k = 2\pi/\lambda$ 为波数。

　　对于尺寸为 D 的天线,其 3dB 波束宽度为

$$\theta_{3dB} = \frac{\lambda}{D} \tag{5.38}$$

其主瓣宽度约为 3dB 波束宽度的 2 倍。

　　本节将对未稀疏的、等间隔稀疏的及以 Barker 码作为采样准则随机稀疏的重

过航时构成阵列的方向图进行分析。

单过航时，交轨向仍采用稀疏阵列天线，16 个子阵经稀疏优化后最多可占据 47 个空间位置，子阵间隔为 0.3m。通过子阵多发多收，可获得 93 个等效相位中心，等效相位中心的间隔为 0.15m，交轨向阵列天线长度为 13.8m。重过航时，由长度为 13.8m 的阵元以 13.95m 的间隔构成一个等效大阵，这里考虑 13 次重过航飞行，所构成的等效阵列天线形式如图 5.27 所示。

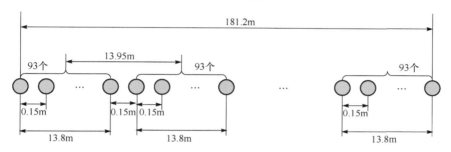

图 5.27　重过航构成的交轨向等效大阵示意图

以下关于方向图的分析中，设发射信号的中心频率为 15GHz，波长为 0.02m，子阵交轨向尺寸为 0.3m，且各天线单元的波束指向 $\theta_0=0$。

0.3m 子阵可由 30 个间隔为半波长的全向天线单元构成，则子阵方向图 $F_e(\theta)$ 可表示为

$$F_e(\theta)=\frac{\sin(30\pi\sin\theta)}{\sin(\pi\sin\theta)} \tag{5.39}$$

子阵的归一化方向图如图 5.28 所示，其 3dB 波束宽度约为 3.82°。

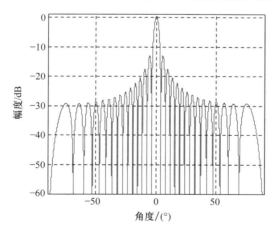

图 5.28　子阵归一化方向图

　　单过航等效满阵由 93 个间隔为 0.15m 的等效相位中心构成,则其阵列因子 $S_1(\theta)$ 可表示为

$$S_1(\theta) = \frac{\sin(93 \times 0.15\pi\sin\theta/\lambda)}{\sin(0.15\pi\sin\theta/\lambda)} \qquad (5.40)$$

　　单过航等效满阵的归一化阵列因子如图 5.29 所示,其 3dB 波束宽度约为 0.08°,主瓣宽度约为 0.16°,其主瓣位于区间 [−0.08°,0.08°] 内(单过航等效满阵的长度为 13.8m)。

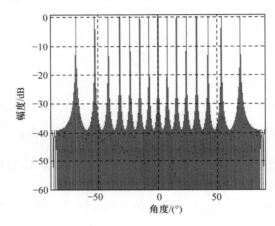

图 5.29　单过航等效满阵的归一化阵列因子

1. 未稀疏重过航构成阵列天线的方向图分析

　　未稀疏重过航飞行时,交轨向等效大阵由 13 个间隔为 13.95m 的阵元构成,则未稀疏重过航阵列因子 $S_f(\theta)$ 为

$$S_f(\theta) = \frac{\sin(13 \times 13.95\pi\sin\theta/\lambda)}{\sin(13.95\pi\sin\theta/\lambda)} \qquad (5.41)$$

　　未稀疏重过航的归一化阵列因子如图 5.30(a) 所示,图 5.30(b) 展示了其在单过航等效满阵主瓣宽度内的部分,在此区间内的其积分旁瓣比约为 −2.53dB。

　　根据方向图乘积原理,未稀疏重过航时阵列的方向图是由子阵方向图、单过航等效满阵阵列因子、未稀疏重过航阵列因子的乘积得到。则有

$$F_f(\theta) = F_e(\theta)S_1(\theta)S_f(\theta) \qquad (5.42)$$

　　未稀疏重过航时阵列的归一化方向图 $F_f(\theta)$ 如图 5.31(a) 所示,图 5.31(b) 展示了其在单过航等效满阵主瓣宽度内的部分。

　　此合成方向图的峰值旁瓣比约为 −13.26dB。当积分区间为 [−90°,90°] 时,

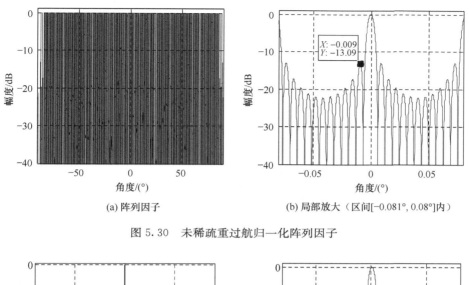

(a) 阵列因子　　　　　　　　　　　(b) 局部放大（区间[−0.081°, 0.08°]内）

图 5.30　未稀疏重过航归一化阵列因子

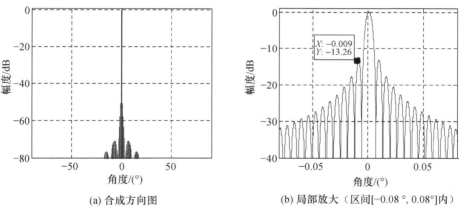

(a) 合成方向图　　　　　　　　　　(b) 局部放大（区间[−0.08°, 0.08°]内）

图 5.31　未稀疏重过航时阵列的归一化方向图

其积分旁瓣比约为−9.70dB；当积分区间为[−0.08°, 0.08°]时，其积分旁瓣比约
为−10.05dB。

2. 等间隔稀疏重过航构成阵列天线的方向图分析

以序列([1 0 1 0 1 0 1 0 1 0 1 0 1 0 1])的形式进行等间隔稀疏重过航飞行时，相
当于交轨向等效大阵由 7 个间隔为 2×13.95m 的阵元构成，则等间隔稀疏重过航
阵列因子 $S_{ed}(\theta)$ 为

$$S_{ed}(\theta) = \frac{\sin(7\times2\times13.95\pi\sin\theta/\lambda)}{\sin(2\times13.95\pi\sin\theta/\lambda)} \tag{5.43}$$

等间隔稀疏重过航的归一化阵列因子如图 5.32(a)所示,图 5.32(b)展示了其在单过航等效满阵主瓣宽度内的部分,在此区间内的其积分旁瓣比约为 4.33dB。

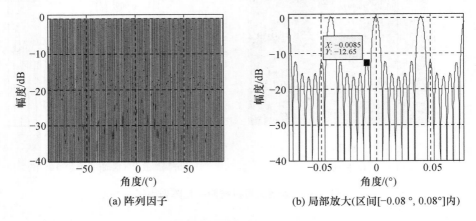

(a) 阵列因子　　　　　　　(b) 局部放大(区间[-0.08°, 0.08°]内)

图 5.32　等间隔稀疏重过航归一化阵列因子

根据方向图乘积原理,等间隔稀疏重过航时阵列的方向图是由子阵方向图、单过航等效满阵阵列因子、等间隔稀疏重过航阵列因子的乘积得到。则有

$$F_{ed}(\theta) = F_e(\theta) S_1(\theta) S_{ed}(\theta) \tag{5.44}$$

等间隔稀疏重过航时阵列的归一化方向图 $F_{ed}(\theta)$ 如图 5.33(a)所示,图 5.33(b)展示了其在单过航等效满阵主瓣宽度内的部分。

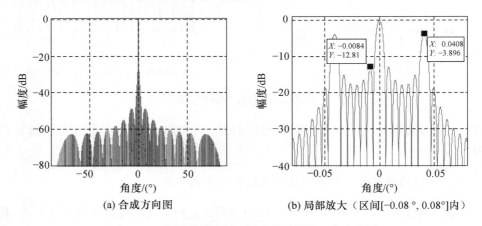

(a) 合成方向图　　　　　　(b) 局部放大(区间[-0.08°, 0.08°]内)

图 5.33　等间隔稀疏重过航时阵列的归一化方向图

此合成方向图的峰值旁瓣比约为 -12.81dB。当积分区间为 [-90°, 90°] 时,其积分旁瓣比约为 0.79dB;当积分区间为 [-0.08°, 0.08°] 时,其积分旁瓣比约为 -0.03dB。

3. 以 Barker 码作为采样准则随机稀疏重过航构成阵列天线的方向图分析

以 13 位 Barker 码序列（$[1\,1\,1\,1\,1\,0\,0\,1\,1\,0\,1\,0\,1]$）作为采样准则随机稀疏重过航飞行时，其重过航阵列因子 $S_s(\theta)$ 为

$$S_s(\theta) = \sum_{n=1}^{13} a_i \cdot e^{13.95 \times (N-1)jk\sin\theta} \tag{5.45}$$

其中，$a=[1,1,1,1,1,0,0,1,1,0,1,0,1]$。

以 13 位 Barker 码序列作为采样准则随机稀疏重过航的归一化阵列因子如图 5.34(a) 所示，图 5.34(b) 展示了其在单过航等效满阵主瓣宽度内的部分，在此区间内的其积分旁瓣比约为 2.27dB。

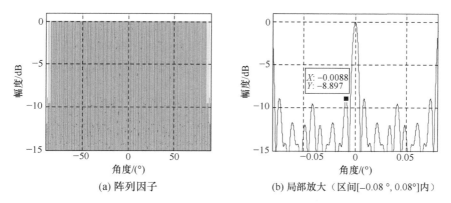

（a）阵列因子　　　　　　（b）局部放大（区间$[-0.08°, 0.08°]$内）

图 5.34　以 13 位 Barker 码序列作为采样准则随机稀疏重过航归一化阵列因子

根据方向图乘积原理，以 13 位 Barker 码序列作为采样准则随机稀疏重过航时阵列的方向图是由子阵方向图、单过航等效满阵阵列因子、以 13 位 Barker 码序列作为采样准则随机稀疏重过航阵列因子的乘积得到。则有

$$F_s(\theta) = F_e(\theta)S_1(\theta)S_s(\theta) \tag{5.46}$$

以 13 位 Barker 码序列作为采样准则随机稀疏重过航时阵列的归一化方向图如图 5.35(a) 所示，图 5.35(b) 展示了其在单过航等效满阵主瓣宽度内的部分。

此合成方向图的峰值旁瓣比约为 -9.06dB。当积分区间为 $[-90°, 90°]$ 时，其积分旁瓣比约为 -1.67dB；当积分区间为 $[-0.08°, 0.08°]$ 时，其积分旁瓣比约为 -2.14dB。

通过上述阵列方向图的分析，可知利用子阵方向图加权的方法，能够抑制稀疏阵列天线栅瓣的影响，并改善其峰值旁瓣比和积分旁瓣比。

上述等间隔稀疏重过航飞行方案，虽然仅需要 7 次重过航飞行即可在交轨向获得 181.2m 的大阵，但是等间隔采样序列的随机性较差，其方向图在单过航等效满阵的主瓣范围内除了一个主峰之外，还存在两个幅度约为 -3.90dB 的较高峰

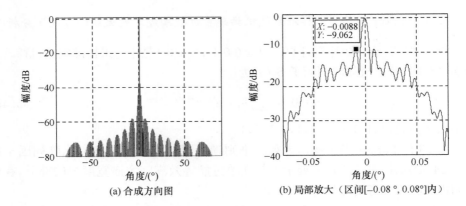

图 5.35　以 13 位 Barker 码序列作为采样准则随机稀疏重过航时阵列的归一化方向图

值,将对成像结果造成影响。相比之下,由于 Barker 码序列具有一定的随机性,以 Barker 码作为采样准则的随机稀疏重过航飞行则更适合用于对地观测成像。

5.5.4　仿真实验

1. 仿真参数

考虑设计一分辨率为 0.5m×0.5m×0.5m 的机载下视三维成像雷达系统。雷达的工作频率选在 Ku 波段,交轨向子阵数量为 16(占据 47 个空间位置,可获得 93 个等效相位中心),子阵交轨向尺寸选为 0.3m,子阵间隔为 0.3m。单过航时交轨向全阵长度为 13.8m。载机飞行高度选为 8250m,若要在机下点位置获得 0.5m 的交轨向分辨率,所需的交轨向阵列天线有效长度约为 165m。由于单过航时交轨向阵列天线有效长度为 13.8m,重过航时阵元间隔为 13.95m,因此至少需要进行 12 次重过航飞行获得满足条件的交轨向阵列长度。本节中选用 13 次重过航飞行,可在交轨向获得 181.2m 的等效大阵。详细的系统参数见表 5.4。

表 5.4　系统参数及性能指标

参数	数值	参数	数值
载机飞行高度/m	8250	雷达工作频率/GHz	15
信号带宽/MHz	320	交轨向子阵数量	16
交轨向等效相位中心数量	93	子阵交轨向尺寸/m	0.3
子阵交轨向 3dB 波束宽度/(°)	3.8	交轨向阵列有效长度(全阵)/m	13.8
全阵交轨向 3dB 波束宽度/(°)	0.08	重过航飞行阵元间隔/m	13.95
13 次重过航时交轨向阵列有效长度/m	181.2	13 次重过航时交轨向分辨率/m	约 0.45

2. 仿真结果

利用表 5.4 给出的仿真参数,利用未稀疏的、等间隔稀疏的和以 Barker 码作为采样准则随机稀疏的重过航飞行方案,实现对点目标的成像仿真。由于该方法只涉及交轨向分辨率的分析,为了简化处理,仿真中只给出了场景的二维成像结果以观察处理效果。

在正下视场景中设置一个点目标,空间位置为(0,0,0)。利用后向投影算法实现对点目标在顺轨向 0m 处的交轨向-高程向二维平面中成像,成像场景尺寸为 10m×10m(交轨向×高程向)。

1) 未稀疏重过航飞行成像结果

对 13 次未稀疏重过航飞行获得的点目标回波数据直接进行二维成像,结果如图 5.36(a)所示。图 5.36(b)则给出了在高程向 0m 处,交轨向的脉冲响应,其峰值旁瓣比约为－13.15dB,计算其积分旁瓣比约为－10.13dB。

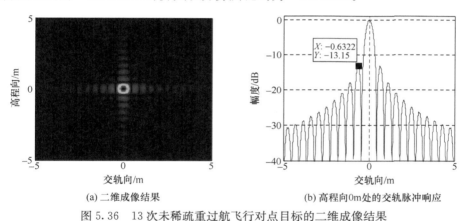

(a) 二维成像结果　　　　　　　　　(b) 高程向0m处的交轨脉冲响应

图 5.36　13 次未稀疏重过航飞行对点目标的二维成像结果

2) 等间隔稀疏重过航飞行成像结果

以序列([1 0 1 0 1 0 1 0 1 0 1 0 1])的形式对重过航飞行进行等间隔稀疏采样,利用获得的点目标回波数据直接进行二维成像,结果如图 5.37(a)所示。图 5.37(b)则给出了在高程向 0m 处,交轨向的脉冲响应,其峰值旁瓣比约为－12.82dB,计算其积分旁瓣比约为－0.06dB。

3) 以 Barker 码作为采样准则稀疏重过航飞行成像结果

以 13 位 Barker 码序列([1 1 1 1 1 0 0 1 1 0 1 0 1])的形式对重过航飞行进行随机稀疏采样,利用获得的点目标回波数据直接进行二维成像,结果如图 5.38(a)所示。图 5.38(b)则给出了在高程向 0m 处,交轨向的脉冲响应,其峰值旁瓣比约为－9.07dB,计算其积分旁瓣比约为－2.18dB。

对上述三种情况下成像结果的峰值旁瓣比和积分旁瓣比进行对比,结果见

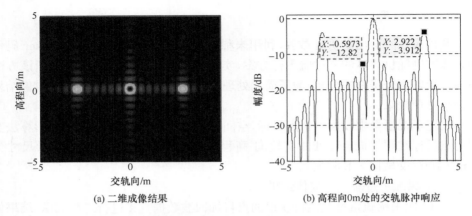

(a) 二维成像结果　　　　　　　　　(b) 高程向0m处的交轨脉冲响应

图 5.37　等间隔稀疏采样重过航飞行对点目标的二维成像结果

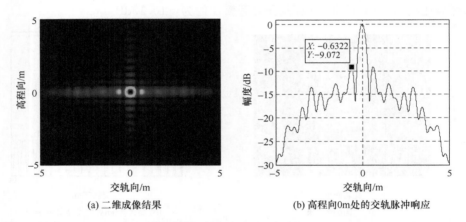

(a) 二维成像结果　　　　　　　　　(b) 高程向0m处的交轨脉冲响应

图 5.38　以 13 位 Barker 码序列作为采样准则随机稀疏重过航飞行对点目标的二维成像结果

表 5.5。

表 5.5　三种情况下成像结果对比

三种情况	峰值旁瓣比/dB	积分旁瓣比/dB
未稀疏	−13.15	−10.13
等间隔稀疏	−12.82	−0.06
以 Barker 码作为采样准则随机稀疏	−9.07	−2.18

　　上述成像结果验证方向图分析的结果,等间隔稀疏重过航时,交轨向存在两个较高的峰值,这将影响对地观测成像的结果。而以 Barker 码作为采样准则的随机稀疏重过航成像时则不存在此问题,且具有较好的成像性能。

5.6　小　　结

本章研究了稀疏阵列天线在机载下视三维成像雷达中的应用问题。在单发多收方式下,利用时分多相位中心孔径综合获取下视三维成像所需的等效满阵数据,在降低雷达系统的复杂度的同时避免稀疏阵列天线旁瓣较高的问题。针对平台运动对时分多相位中心孔径综合的影响,给出了具体的运动补偿算法,使得补偿后的数据等效为由运动平台上的均匀线列阵接收的数据。由于稀疏阵列天线长度远小于场景宽度,系统采用了基于子孔径的三维成像方法。在采用频分正交信号实现多发多收方式下,利用与空间位置有关的匹配滤波器实现不同子带信号孔径综合后相位中心参考点的统一,并将子带信号合成宽带信号以提高距离分辨率。利用 ScanSAR 模式和 SweepSAR 模式相结合的扫描方式实现宽幅成像,兼顾了系统脉冲重复频率和顺轨向分辨率。

当载机飞行高度较高时,为解决机载交轨阵列天线雷达系统交轨向分辨较低的问题,设计了重过航稀疏采样方案,以较少的重过航飞行次数获得交轨向的等效大阵,提高交轨向分辨率。对未稀疏的、等间隔稀疏的和以 Barker 码作为采样准则随机稀疏的重过航时所获得的等效大阵的方向图进行了分析,并利用子阵方向图加权的方法,减少稀疏阵列天线栅瓣的影响,改善其图像的峰值旁瓣比和积分旁瓣比。仿真数据的处理结果表明了所提方法的有效性。

参 考 文 献

[1] Krieger G, Mittermayer J, Wendler M, et al. SIREV-sector imaging radar for enhanced vision[C]. The 2nd International Symposium on Image and Signal Processing and Analysis, 2001: 377-382.

[2] Gierull C H. On a concept for an airborne downward-looking imaging radar[J]. International Journal of Electronics and Communication, 1999, 53(6): 295-304.

[3] Giret R, Jeuland H, Enert P. A study of 3D-SAR concept for a millimeter wave imaging radar onboard an uav[C]. European Radar Conference, Amsterdam, 2004: 201-204.

[4] Klare J. A new airborne radar for 3D imaging-simulation study of ARTINO[C]. EUSAR, Dresden, Germany, 2006.

[5] Klare J, Brenner A, Ender J. A new airborne radar for 3D imaging-image formation using the ARTINO principle[C]. EUSAR, Dresden, Germany, 2006.

[6] Wei M, Ender J, Peters O, et al. An airborne radar for three dimensional imaging and observation-technical realisation and status of ARTINO [C]. EUSAR, Dresden, Germany, 2006.

[7] Klare J. Digital beamforming for a 3D MIMO SAR-improvements through frequency and

waveform diversity[C]. IGARSS, 2008:17-20.

[8] Napier P J, Bagri D S, Clark B G, et al. The very long baseline array[J]. Proceedings of the IEEE, 1994, 82(5): 658-672.

[9] Jackson T J, Le Vine D M, Griffis A J, et al. Soil moisture and rainfall estimation over a semiarid environment with the ESTAR microwave radiometer[J]. IEEE Transactions on Geoscience and Remote Sensing, 1993, 31(4): 836-841.

[10] Lord R T, Inggs M R. High resolution SAR processing using stepped-frequencies[C]. 1997 IEEE International Geoscience and Remote Sensing Symposium (IGARSS 1997), Singapore, 1997: 490-492.

[11] 侯颖妮. 基于稀疏阵列天线的雷达成像技术研究[D]. 中国科学院电子学研究所硕士研究生学位论文, 2010.

[12] Curlander J C, Mcdonough R N. Synthetic Aperture Radar: Systems and Signal Processing [M]. New York: John Wiley & Sonc, Inc., 1991.

[13] Wilkinson A J, Lord R T, Ingg M R. Stepped-frequency processing by reconstruction of target reflectivity spectrum[C]. Communications and Signal Processing, 1998 (COMSIG' 98), South African, 1998: 101-104.

[14] 白霞, 毛士艺, 袁运能. 时域合成带宽方法:一种0.1米分辨率SAR技术[J]. 电子学报, 2006, 34(3): 472-477.

[15] 黄平平, 邓云凯, 徐伟, 等. 基于频域合成方法的多发多收SAR技术研究[J]. 电子与信息学报, 2011, 33(2): 401-406.

[16] 杜磊, 王彦平, 洪文, 等. 机载下视三维成像合成孔径雷达空间分辨特性[J]. 测试技术学报, 2010, 24(2): 175-181.

[17] Li D J, Hou Y N, Hong W. The sparse array aperture synthesis with space constraint[C]. EUSAR 2010, Germany, 2010:950-953.

[18] Skolnik M I. 雷达手册[M]. 王军, 林强, 等译. 北京:电子工业出版社, 2003.

[19] Mahafza B R, Elsherbeni A Z. MATLAB simulations for radar systems design[M]. Boca Raton, FL: Chapman & Hall/CRC Press, 2004.

[20] 王朴中, 石长生. 天线原理[M]. 北京:清华大学出版社, 1993.

第 6 章 稀疏阵列天线暗室成像试验

6.1 引　　言

从实际应用角度考虑稀疏阵列天线,不仅需要对整个信号处理方法进行半物理仿真试验验证,而且还应对实际阵列天线通道间不可避免存在的误差影响给予高度重视。因此开展微波暗室半物理仿真试验,研究阵列误差校正方法,分析各算法在实际应用中的性能,对于实际工程应用具有重要的意义。林肯实验室利用 L 波段阵列与 X 波段小面阵验证了 MIMO 系统良好的性能[1],西安电子科技大学开展了稀疏综合孔径脉冲雷达试验[2],本章利用多个喇叭天线对稀疏阵列多发多收获得等效满阵天线的性能进行了验证,并验证了基于压缩感知理论的成像算法。

本章在微波暗室试验基础上,首先对阵列误差进行了分析,给出了具体的阵列误差校正方法,并通过试验数据的处理验证了阵列误差校正方法的有效性;最后在经过阵列误差补偿后数据基础上,进一步验证稀疏阵列孔径综合方法和基于压缩感知理论的成像算法的有效性。

6.2 暗室试验系统

试验系统采用收发分置的工作方式,发射阵列和接收阵列平行放置,步进频率信号由矢量网络分析仪的输出端口经功率放大器放大后发射出去,回波信号由接收天线送入矢量网络分析仪输入端口,并记录回波数据的幅度和相位。整个数据获取采用时分工作方式,通过开关切换模拟多发多收的过程,微波暗室试验系统的组成和布局如图 6.1 所示。微波暗室的尺寸为 25m(长)×15m(高)×15m(宽),子阵尺寸为 10cm×7cm。

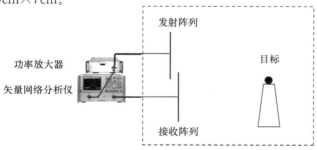

图 6.1　试验系统组成和布局图

为了对稀疏阵列孔径综合方法进行验证,同时考虑到试验系统的可实现性,采用 5 个子阵稀疏布置在 1,2,4,6,7 位置,子阵间的最小间隔为 10cm,通过多发多收可以获得均匀分布的间距为 5cm 的 13 个相位中心。由于试验中采用收发分置的工作模式,因此试验中使用 2 组 5 个阵列,分别作为发射和接收阵列。试验中发射和接收阵列布置情况如图 6.2 所示,设置了 4 个三面角反射器,如图 6.3 所示。

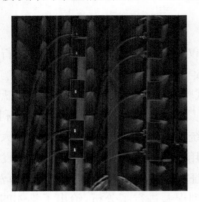 

图 6.2　试验中发射和接收阵列　　　　　图 6.3　试验中设置的目标

6.3　阵列误差校正方法

阵列天线成像雷达的主要特点之一就是多通道,而各通道的幅度和相位不一致性将影响阵列天线雷达的成像性能,因此在成像处理前需要对各通道的幅度和相位误差进行校正,阵列误差校正为阵列信号处理中一项重要研究问题[3,4]。

6.3.1　幅度误差校正

利用阵列接收的数据对目标成像时,认为各通道数据的幅度相同,然而由实测数据可以观察到,各通道接收的数据幅度存在一定程度的差异。对存在阵列幅度误差情况下的数据,可以在处理前用各通道接收信号的输出功率,对各通道接收数据进行归一化处理,以消除通道幅度不一致性所带来的影响[5]。

设 $x_i(n)$ 为通道 i 的采样数据,P_i 为通道 i 接收信号的输出功率。N 为快时间采样数,M 为通道数目,则可以对各通道的采样数据作以下处理:

$$\widetilde{x}_i(n) = \frac{x_i(n)}{\sqrt{P_i}}, \quad i=1,2,\cdots,M, n=1,2,\cdots,N \tag{6.1}$$

其中,$\widetilde{x}_i(n)$ 为经通道归一化处理后的列数据。

这样处理后的阵列数据各通道的功率相同,从而在很大程度上消除了各通道的增益误差。

6.3.2 相位误差校正

试验中,发射天线和接收天线的位置偏差,以及发射天线和接收天线后电缆的长度偏差都将引起相位误差,未知的相位误差将导致方位向聚焦质量下降,严重时将导致图像散焦,无法成像。

针对相位误差给出了一种简单的误差估计方法,该方法首先确定一个目标作为参考目标,根据目标和阵列的空间关系计算出理想相位历程,然后从试验数据中提取实际相位历程,将实际相位历程与理想相位历程之差作为系统相位误差。

在图 6.4 中,当目标位于阵列中间位置 $(R_0, 0)$ 时,各子阵到目标距离为

$$R_i = \sqrt{R_0^2 + x_i^2} \approx R_0 + \frac{x_i^2}{2R_0} \tag{6.2}$$

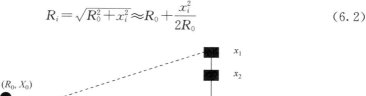
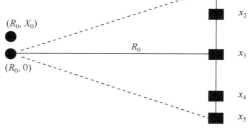

图 6.4 阵列和目标位置关系

当目标位于位置 (R_0, X_0) 时,各子阵到目标距离为

$$R_i = \sqrt{R_0^2 + (x_i - X_0)^2} \approx R_0 + \frac{(x_i - X_0)^2}{2R_0} = R_0 + \frac{x_i^2 - 2x_i X_0 + X_0^2}{2R_0} \tag{6.3}$$

由于收发双程,其相位历程为

$$\varphi = \frac{4\pi}{\lambda}(R_i - R_0) = \frac{4\pi}{\lambda}\frac{x_i^2 - 2x_i X_0 + X_0^2}{2R_0} \tag{6.4}$$

从上式可以看出,当目标位于阵列中间位置时,相位历程曲线一次项系数为零,相位历程曲线二次项系数与目标到阵列的垂直距离 R_0 有关,二次项系数可由下式计算出:

$$\beta = \frac{2\pi}{\lambda R_0} \tag{6.5}$$

对于空间参考点的目标,可以提取各通道的峰值点相位值并进行解缠绕,得到峰值点回波的相位历程 φ,系统相位误差可通过下式计算出:

$$\varphi_s = \varphi - \beta X^2 \tag{6.6}$$

X 为天线位置向量,利用式(6.6)对系统误差补偿,即假设目标位于阵列中间位置,相

位历程中的一次相位也作为误差进行补偿,由于一次相位使方位向响应进行平移,而不影响主瓣和旁瓣形状,所以相位补偿后参考点目标将平移到方位向中间位置。

应当指出的是,在提取孔径综合后各通道实际相位历程时,需要根据已知参数对各通道数据进行等效相位中心相位补偿[6]。

系统相位误差可通过以下几个步骤进行估计:

(1) 根据已知参数计算出理想均匀阵列的相位历程 βX^2;

(2) 根据已知参数对各相位中心处的数据进行等效相位中心相位补偿;

(3) 通过互相关法对各通道的采样点进行搜索,得到各通道峰值点的位置,提取各通道峰值点的相位并进行解缠,得到阵列误差存在条件下等效均匀阵列的相位历程 φ;

(4) 由式(6.6)计算出系统相位误差。

6.4　试验数据处理

上两节主要介绍了暗室试验系统和阵列误差校正方法,下面主要通过实际数据处理,验证阵列误差校正方法、稀疏阵列孔径综合方法和基于压缩感知理论的成像算法的有效性。

6.4.1　阵列误差估计

下面以孔径综合后 13 个通道为例,说明阵列误差估计过程。由于孔径综合后的数据为稀疏阵列天线收发分置多发多收获得的,各通道的幅度和相位误差不仅与发射天线有关,而且还与接收天线有关,简化起见,可将孔径综合后的各通道作为独立的通道进行分析。

试验中发射信号的带宽为 6GHz,频率范围为 12G~18GHz,对应距离分辨率为 0.025m,图 6.5 为其中一个通道获得的一维距离像。

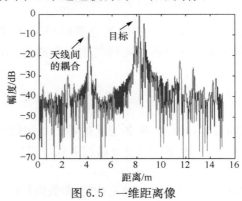

图 6.5　一维距离像

由于采用收发分置数据获取方式,等效阵列位于收发阵列中心位置。由图 6.5 可以看出,天线间的耦合(由发射天线直接传播到接收天线的信号)出现在 4.08m 处,离阵列最近的目标出现在 7.87m 处,收发天线的间距为 0.4m。由图 6.6 可知,感兴趣的目标和等效阵列间距离为 3.99m。

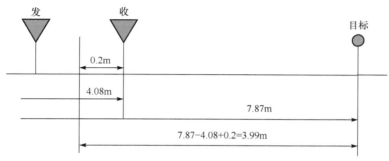

图 6.6　目标与阵列的距离分析示意图

1. 数据预处理

采集的数据带宽为 6GHz,可对 14~16GHz 的 2GHz 带宽数据进行分析。

为了确定通道间的幅度和相位误差,可提取数据中的一个目标的回波信号进行分析,同时为了避免其他目标的影响,首先可在高的距离分辨率条件下,在距离域对所选取的目标进行距离加窗,然后再变换到频域降低带宽,得到带宽为 2GHz 的单目标数据。

以 3.99m 处的目标为参考目标,估计系统幅度和相位误差,图 6.7 为参考目标在距离域进行选通,并降低带宽后的一维距离像。

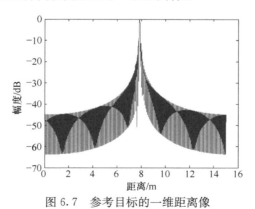

图 6.7　参考目标的一维距离像

2. 幅度误差计算

对于参考目标数据,分别计算出稀疏阵列孔径综合后的 13 个相位中心对应的

1 到 13 通道的输出功率,以最大输出功率为参考,得到各通道输出功率比如表 6.1 所示。在幅度误差校正时,对各通道接收数据分别除以表 6.1 中对应的系数,可消除各通道幅度误差。

表 6.1　各通道输出功率比较

1～7 通道	0.9332	1.0000	0.9418	0.9004	0.9520	0.6546	0.9100
8～13 通道	0.7554	0.7887	0.8573	0.7216	0.8553	0.8566	

3. 相位误差计算

相位误差可以通过提取参考目标数据各通道的相位历程与均匀线列阵的相位历程之差获得,具体可以通过 6.3.2 节的 4 个步骤进行计算。

图 6.8(a)为等效相位中心相位补偿前各相位中心峰值点的相位关系曲线;图 6.8(b)为等效相位中心相位补偿后各相位中心峰值点的相位关系曲线;图 6.8(c)为理想均匀线列阵的相位历程;图 6.8(d)为得到的系统相位误差曲线。

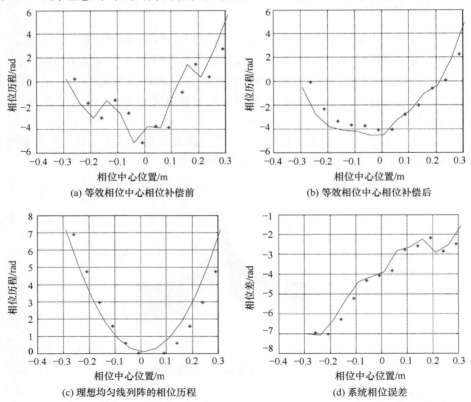

图 6.8　相位误差计算过程中的曲线

利用估计的幅度误差和相位误差,对分离出作为参考目标的数据进行幅度和相位校正后,采用 BP 算法[7]进行成像的结果如图 6.9 所示。图 6.10 为方位向响应曲线,方位向积分旁瓣比为−8.8873dB。

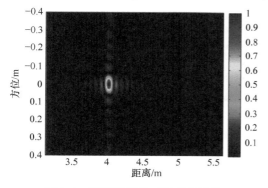

图 6.9　阵列误差校正后成像结果

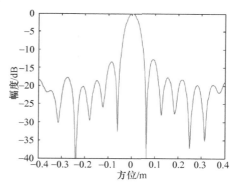

图 6.10　方位向响应曲线

6.4.2　阵列误差校正前后成像结果

下面通过孔径综合后多目标数据,对阵列误差校正前后的成像结果进行比较。图 6.11 为阵列误差校正前成像结果,图 6.12 为阵列误差校正后的成像结果。其中,标记 3.99m 处的目标为目标 1,4.73m 处的目标为目标 2。

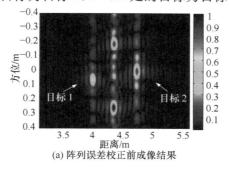

(a) 阵列误差校正前成像结果

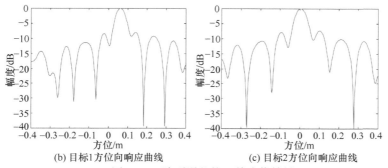

(b) 目标1方位向响应曲线　　　　　(c) 目标2方位向响应曲线

图 6.11　阵列误差校正前成像结果

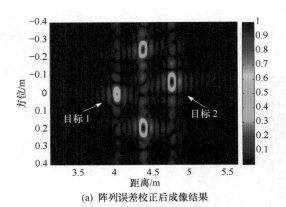

(a) 阵列误差校正后成像结果

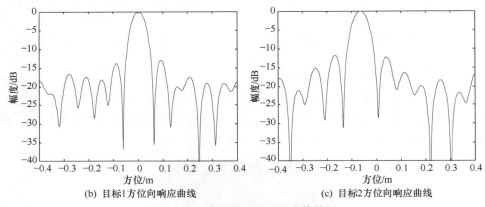

(b) 目标1方位向响应曲线　　　　　　　　(c) 目标2方位向响应曲线

图 6.12　阵列误差校正后成像结果

由于以目标 1 为参考,对阵列误差进行估计,所以阵列误差校正后,目标 1 平移到方位向中间位置,其他目标也跟随发生平移,但并不影响图像的聚焦质量。

表 6.2 为阵列误差校正前,采用相位校正后和采用幅度和相位误差校正后图像质量指标比较。

表 6.2　图像质量指标比较

比较项	目标 1		目标 2	
	峰值旁瓣比/dB	积分旁瓣比/dB	峰值旁瓣比/dB	积分旁瓣比/dB
误差校正前	−7.9845	−2.4979	−7.3147	−2.3847
相位校正后	−12.1465	−7.5445	−11.6804	−7.3015
幅度相位校正后	−12.9383	−8.5317	−12.2186	−8.2054

从表 6.2 的阵列误差校正前后目标峰值旁瓣比和积分旁瓣比变化可以看出,经过幅度和相位误差校正后图像质量有明显的提高,说明了阵列误差校正方法的有效性。

6.4.3　孔径综合前成像分析

下面对位于稀疏阵列中间位置的子阵发射,全阵接收的 5 个通道数据进行分析。此时,各相位中心间距为 5cm,与多发多收情况相同,但是等效阵列长度为多发多收时的 1/2,意味着方位向不模糊范围和多发多收相同,但是方位向分辨率比多发多收时降低了一倍。

在成像处理前,先采用 6.3 节的方法对稀疏分布的 5 个通道进行误差估计和校正,具体过程如 6.4.1 节,下面不再详细叙述。图 6.13 为稀疏阵列单发多收单目标成像结果;图 6.14 为稀疏阵列单发多收多目标成像结果。

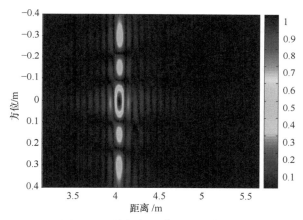

图 6.13　单发多收单目标成像结果

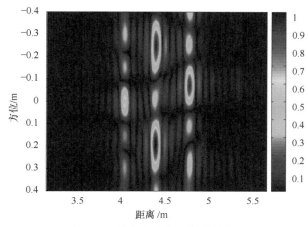

图 6.14　单发多收多目标成像结果

从图 6.9 和图 6.13,图 6.12 和图 6.14 的比较可以看出,采用稀疏阵列孔径综合前单发多收获得的数据进行成像,方位向旁瓣比较高,而且方位向分辨率低于多发多收情况,这从另一个方面进一步说明了稀疏阵列孔径综合方法的有效性。

6.4.4　基于压缩感知理论的成像结果

前面通过计算机仿真对基于压缩感知理论的成像算法进行了验证,对于实际工程应用,进一步在试验中考察该算法的性能是非常必要的。由于微波暗室试验中设置的目标较少,空间中就已具有稀疏特性,因此,可利用微波暗室试验数据,对基于压缩感知理论的成像算法进行分析。

在成像处理前,首先需要进行等效相位中心相位补偿和阵列误差校正。

由稀疏阵列天线获取的数据,其空间采样位置由阵列天线结构决定,可根据阵列天线布局构造基矩阵,并采用基于压缩感知理论的成像算法对目标进行恢复,然而为了对使用其他空间位置采样数据的成像情况分析。对多发多收获得的数据,在成像处理前,先对试验数据进行孔径综合处理,获得均匀分布的相位中心;然后在方位向进行随机抽取,得到方位向稀疏采样的数据,再利用成像算法进行成像。利用抽取的不同通道数的数据进行成像,可对利用不同空间采样情况下的数据成像结果进行分析。

1. 单发多收数据分析

对单发多收情况进行分析,选取中间位置子阵发射,所有子阵接收的数据进行成像。在成像前需要对单发多收 5 个通道的数据进行误差估计和校正。在采用基于压缩感知理论的成像算法进行成像时,取方位向搜索点数 20,间隔 0.05m。目标所在的距离门计算出的散射系数向量如图 6.15 所示。图 6.16 为得到的二维成像结果,可以看出由于距离向采用常规的脉冲压缩处理方法,因此距离向旁瓣分布情况与常规处理方法的相同。

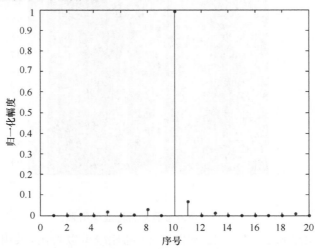

图 6.15　计算出的目标散射系数向量

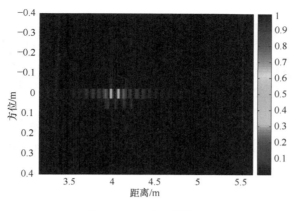

图 6.16 二维成像结果

2. 多发多收单目标数据分析

对多发多收情况进行分析,采用的各通道数据见表 6.3,其中采用的数据各相位中心位置之差同时包含奇数和偶数,这样可保证方位向不模糊区间由最小间隔 5cm 决定,取方位向搜索点数 20,间隔 0.05m,成像结果如图 6.17 所示。可以看出采用表 6.3 中的各通道数据均重现了试验中的目标。

表 6.3 成像中采用的各通道数据

编号	通道数目	通道
a	13	1 到 13
b	7	1,5,6,7,9,12,13
c	5	2,6,7,9,12
d	4	1,3,7,10

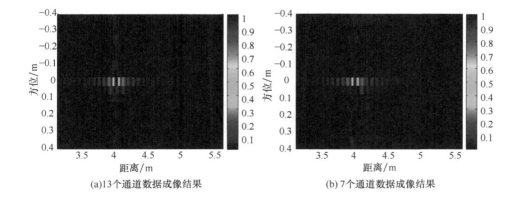

(a)13个通道数据成像结果   (b)7个通道数据成像结果

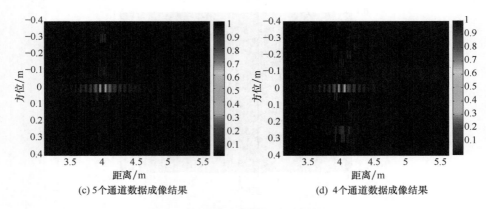

(c) 5个通道数据成像结果　　　　　　　　(d) 4个通道数据成像结果

图 6.17　多发多收时单目标成像结果

3. 多发多收多目标数据分析

下面分析多发多收时多目标情况,其中采用的各通道数据见表 6.4。取方位向搜索点数 20,间隔 0.05m,成像结果如图 6.18 所示,可以看出均重现了试验中目标的位置,而且各目标强度和采用常规处理方法得到的接近,即 4m 处的目标强度较小。

表 6.4　成像中采用的各通道数据

编号	通道数目	通道
a	13	1 到 13
b	9	2,3,5,6,7,10,11,12,13
c	8	5,6,7,8,10,11,12,13

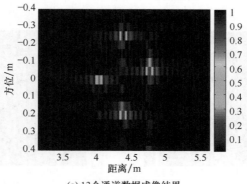

(a) 13个通道数据成像结果

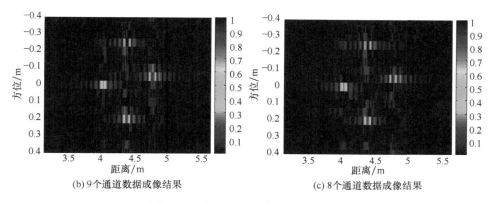

(b) 9个通道数据成像结果   (c) 8个通道数据成像结果

图 6.18   多发多收时多目标成像结果

由上面的处理结果可知,当场景中的目标具有稀疏特性时,可以采用稀疏采样的信号对目标进行重建,进一步说明了基于压缩感知理论的成像算法的有效性。

6.5   小   结

本章主要利用微波暗室试验数据,对稀疏阵列孔径综合方法和基于压缩感知理论成像算法的有效性进行了验证;同时,还针对试验中存在的阵列误差给出了具体的校正方法,并通过试验数据处理说明了阵列误差校正方法的有效性。本章的研究工作对于稀疏阵列天线的实际应用具有一定的参考价值。

参 考 文 献

[1] Robey F C, Coutts S, Weikle D D, et al. MIMO radar theory and experimental results[C]. The 38th Asilomar Conference on Signals, Systems and Computers, 2004:300-304.

[2] Chen D F, Chen B X, Zhang S H. Muti-input muti-output radar and sparse array synthetic impulse and aperture radar[C]. International Conference on Radar Shanghai, China: ICR, 2006. 28-31.

[3] 侯颖妮,李道京,洪文,等. 稀疏阵列微波暗室成像试验研究[J],电子与信息学报,2010,32 (9):2258-2262.

[4] 王永良,陈辉,彭应宁,等,空间谱估计理论与算法[M],北京:清华大学出版社,2004.

[5] 秦洪峰,水下多目标定位关键技术研究[D],西北工业大学硕士研究生学位论文,2002.

[6] Li Z F, Bao Z, Wang H Y, et al. Performance improvement for constellation SAR using signal processing techniques[J]. IEEE Transactions on Aerospace and Electronic Systems, 2006, 42(2): 436-452.

[7] Soumekh M. Synthetic Aperture Radar Signal Processing with MATLAB Algorithms[M]. New York: Wiley-Interscience, 1999: 212-215.

第 7 章　机载三孔径稀疏阵列毫米波 SAR 侧视三维成像

7.1　引　　言

　　和基于阵列天线的下视三维成像技术一样,利用交轨向的多孔径 SAR 系统实现侧视三维成像研究,也得到广泛的关注。

　　关于三维成像算法,目前主要分为三维波数域算法、后向投影算法和基于层析 SAR(tomography SAR,TomoSAR)模型的算法[1~3]。三维波数域算法模型准确,但其非线性相位补偿非常复杂,运算量大[4,5]。对于机载侧视情况,非零入射角的存在和交轨向较低的分辨率会引起高度方向和交轨向的耦合[6]。BP 算法是一种比较传统的时域算法,但其运算量也较大。层析 SAR 利用医学领域 CT 的原理,利用不同轨道观测角的变化获得高程信息,国外已有报道利用星载重轨数据对城市地区进行层析成像[7,8]。关于阵列天线规模,考虑到三孔径是最小的阵列结构,交轨向的三孔径 SAR 应具有一定的三维成像能力,研究机载交轨三孔径稀疏阵列 SAR 侧视三维成像处理问题具有重要意义。

　　本章的研究工作是基于中国科学院电子学研究所研制的机载交轨三基线毫米波 InSAR 原理样机的,该系统利用沿着交轨方向布设的三个孔径实现一发三收,并具备三条不等长的基线。利用等效相位中心原理[9],三个孔径实现一发三收可在交轨向形成三个等效相位中心,从而构成了交轨向最小的稀疏阵列天线结构,因此可利用该系统实现对观测场景的三维成像。具体的三维成像过程为:由交轨向三个等效相位中心构成的稀疏阵列天线可获得交轨向分辨率;载机沿顺轨向的运动可形成合成孔径以获得顺轨向分辨率;通过对发射的宽带线性调频信号进行脉冲压缩处理可获得距离向分辨率;该系统工作在毫米波波段,有助于改善交轨向分辨率。

　　由于交轨向的阵列天线仅由三个等效相位中心构成,可获得的交轨向稀疏阵列天线长度有限,故其交轨向分辨率较低,侧视时交轨向分辨率和高程向分辨率会产生相互耦合的现象,较低的交轨向分辨率会部分转化为高程向的不确定性。

　　本章首先利用天线方向图分析了交轨向三个等效相位中心构成的稀疏阵列天线的性能,并采用真实孔径方向图加权的方法改善稀疏阵列天线的峰值旁瓣比和积分旁瓣比,然后基于波数域算法,给出了侧视三维成像的仿真和实际数据处理结果。

　　为改善侧视三维成像分辨率,基于观测场景信号的空间稀疏性,本章同时引入压缩感知理论[10,11],研究了机载三孔径稀疏阵列毫米波 SAR 侧视三维成像问题,给出了仿真和实际数据处理结果。

7.2　系　统　描　述

7.2.1　成像几何模型

在中国科学院电子学研究所研制的机载交轨三基线毫米波 InSAR 原理样机中，交轨向三个孔径天线采用刚性连接方式安装在同一平台上，并整体悬挂在运-12 飞机的机腹处，系统安装示意图如图 7.1 所示。

图 7.1　交轨三孔径 SAR 在载机上的安装示意图

图 7.2 展示了交轨三孔径稀疏阵列侧视 SAR 系统的成像几何模型。在图 7.2 的坐标系中，x 轴为顺轨向；y 轴为交轨向；z 轴为高程向；载机的飞行高度为 H；飞行速度为 v。系统工作在侧视模式，交轨向波束的入射角为 θ。

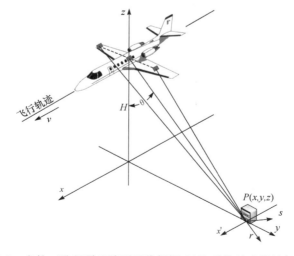

图 7.2　交轨三孔径稀疏阵列天线侧视 SAR 系统的成像几何模型

7.2.2　交轨向孔径的结构布局

　　三个孔径在交轨向的空间位置分布如图 7.3(a)所示。其中 A1 为发射孔径，A1,A2,A3 均为接收孔径。交轨向三个孔径呈不等间隔分布，各孔径间隔分别为 0.6m 和 0.4m。

　　根据接收等效相位中心原理[12,13]，当收发孔径分置时，可在收发孔径的中间位置产生虚拟的等效相位中心。利用交轨向三孔径一发三收的方式可在交轨向上获得三个等效相位中心，其分布情况如图 7.3(b)所示。三个等效相位中心也呈不等间隔分布，其间隔分别为 0.3m 和 0.2m，构成长度为 0.5m 的交轨向阵列。这三个等效相位中心可在交轨向构成一个稀疏阵列结构，用于获得交轨向分辨率，故该系统可实现对观测场景的三维分辨成像。

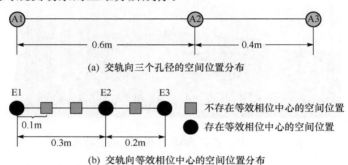

(a) 交轨向三个孔径的空间位置分布

(b) 交轨向等效相位中心的空间位置分布

图 7.3　交轨三孔径及所获得的等效相位中心分布情况

　　如图 7.3(b)所示，交轨向三个等效相位中心占据 6 个间隔为 0.1m 的空间位置。可认为这三个等效相位中心是由等间隔分布的满阵天线经稀疏后得到的，其空间分布可用序列([１００１０１])来表示。该序列的自相关函数如图 7.4 所示，其自相关函数仅存在单个峰值，且旁瓣较低，可知该序列具有一定的随机性。

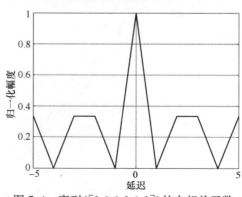

图 7.4　序列([１００１０１])的自相关函数

7.3　交轨向阵列方向图分析

对由三个等效相位中心所构成的交轨向稀疏阵列天线的方向图进行分析,可获得其峰值旁瓣比和积分旁瓣比的情况。利用 0.2m 真实孔径方向图加权的方法,可改善稀疏阵列天线的峰值旁瓣比和积分旁瓣比[14](交轨向的孔径这里用 0.2m 真实孔径来表述)。

系统中每个孔径的直径为 0.2m,发射信号波长为 0.0086m,可知 0.2m 真实孔径的 3dB 波束宽度约为 2.46°,主瓣宽度约为 4.92°。系统工作在侧视模式,交轨向波束入射角为 35°。

系统的孔径结构和交轨向波束指向如图 7.5 所示,0.2m 真实孔径口面的法线方向与交轨向波束指向一致。

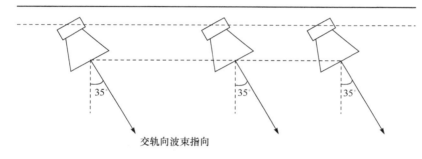

图 7.5　孔径结构和交轨向波束指向示意图

0.2m 真实孔径可等效为由 46 个间隔为半波长的天线单元构成,由于交轨向波束指向为 35°,因此需将 0.2m 真实孔径方向图向右平移 35°,如图 7.6(a)所示。交轨向由三个等效相位中心所构成的稀疏阵列天线的阵列因子如图 7.6(b)所示。

交轨向稀疏阵列天线的方向图是由 0.2m 真实孔径方向图与稀疏阵列的阵列因子相乘得到,合成方向图如图 7.6(c)所示,图 7.6(d)展示了其在 0.2m 真实孔径方向图主瓣内的部分(0.2m 真实孔径方向图主瓣位于区间[32.54°, 37.46°]内)。利用 0.2m 真实孔径方向图加权的方式,可改善稀疏阵列天线的峰值旁瓣比和积分旁瓣比。

合成方向图的峰值旁瓣比约为 -10.66dB。当积分区间为[-90°,90°]时,其积分旁瓣比约为 -5.40dB;当积分区间为[32.54°,37.46°]时,其积分旁瓣比约为 -8.40dB。

通过稀疏阵列结构的自相关函数和稀疏阵列天线方向图的分析结果,可以确定交轨向三孔径稀疏阵列结构在交轨向是不欠采样的,因此该系统可以实现对观

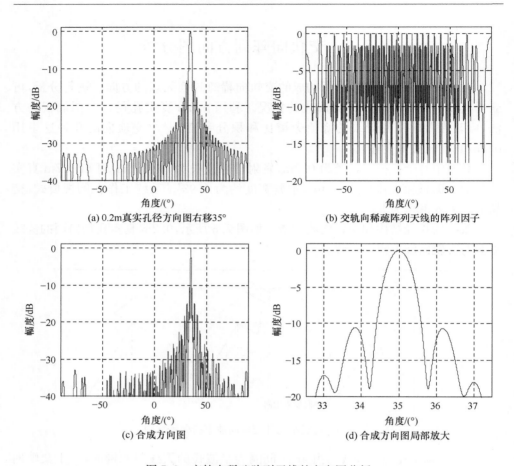

(a) 0.2m真实孔径方向图右移35°

(b) 交轨向稀疏阵列天线的阵列因子

(c) 合成方向图

(d) 合成方向图局部放大

图 7.6 交轨向稀疏阵列天线的方向图分析

测场景的侧视三维成像。

7.4 基于波数域算法的侧视三维成像

7.4.1 三维成像算法

1. 信号模型

根据图 7.2 所示的系统成像几何模型,假设顺轨向第 m 个采样位置为 u_m ($m=1,2,\cdots,M,M$ 为顺轨向采样点数),交轨向第 n 个孔径的位置为 $v_n(n=1,2,3)$,其中 v_1 为发射孔径的位置。系统发射信号为线性调频信号

$$p(t)=\mathrm{rect}\left(\frac{t}{T_{\mathrm{p}}}\right)\exp\{\mathrm{j}2\pi f_0 t+\mathrm{j}\pi K_{\mathrm{r}}t^2\} \tag{7.1}$$

其中,t 表示快时间;f_0 为中心频率;T_p 为信号的脉冲宽度;K_r 为调频率。

假设场景中第 i 个点目标位于 $P_i(x_i,y_i,z_i)$,散射系数为 σ_i。因此,在第 m 个顺轨向采样位置,由第 n 个交轨孔径接收到的回波信号可以表示为

$$s(t,u_m,v_n) = \sum_i \sigma_i \cdot p(t-\tau(u_m,v_n,P_i)) \tag{7.2}$$

其中,$\tau(u_m,v_n,P_i)$ 为从发射孔径 v_1 经点目标 P_i 到达接收孔径 v_n 的延时。

$$\tau(u_m,v_n,P_i) = \frac{R_t(u_m,P_i)+R_r(u_m,v_n,P_i)}{c} \tag{7.3}$$

$$\left.\begin{array}{l}R_t(u_m,P_i) = \sqrt{(u_m-x_i)^2+(v_1-y_i)^2+(H-z_i)^2} \\ R_r(u_m,v_n,P_i) = \sqrt{(u_m-x_i)^2+(v_n-y_i)^2+(H-z_i)^2}\end{array}\right\} \tag{7.4}$$

其中,c 表示光速;$R_t(u_m,P_i)$ 为由发射孔径 v_1 到点目标 P_i 的距离历程;$R_r(u_m,v_n,P_i)$ 为由点目标 P_i 到接收孔径 v_n 的距离历程。

2. 等效相位中心相位补偿

令交轨向第 l 个等效相位中心的位置为 $v_{el}(l=1,2,3)$,根据系统的收发方式可知,交轨向第 l 个等效相位中心是由第 1 个孔径发射、第 l 个孔径接收得到的,则有

$$v_{el} = \frac{v_1+v_l}{2} \tag{7.5}$$

为了使接收到回波信号的相位与等效相位中心处自发自收时的相位相同,需要对接收的回波信号进行相位补偿。以场景中心 $P_0(x_0,y_0,z_0)$ 作为参考点,对于在第 m 个顺轨向采样位置,第 l 个交轨向等效相位中心处的回波信号所需补偿的相位为

$$\Delta\varphi_l = \frac{2\pi}{\lambda}(R_t+R_{rl}) - \frac{4\pi}{\lambda}R_{el} \tag{7.6}$$

$$\left.\begin{array}{l}R_t = \sqrt{(u_m-x_0)^2+(v_1-y_0)^2+(H-z_0)^2} \\ R_{rl} = \sqrt{(u_m-x_0)^2+(v_l-y_0)^2+(H-z_0)^2} \\ R_{el} = \sqrt{(u_m-x_0)^2+(v_{el}-y_0)^2+(H-z_0)^2}\end{array}\right\} \tag{7.7}$$

其中,λ 为发射信号波长。

3. 三维成像处理

假设回波信号已经过精确的运动补偿,经上述等效相位中心相位补偿处理后,回波信号可以近似表示为

$$s(t,u,v) = \sum_i \sigma_i \cdot p(t-\tau(u,v,P_i)) \tag{7.8}$$

$$\tau(u,v,P_i) = \frac{2\sqrt{(u-x_i)^2+(v-y_i)^2+(H-z_i)^2}}{c} \qquad (7.9)$$

其中,u 表示顺轨向采样位置;v 表示交轨向采样位置。

对式(7.8)中的回波信号进行三维傅里叶变换,得到

$$S(k_t,k_u,k_v) = P(k_t)\sum_i \sigma_i \cdot \exp\{-\mathrm{j}\varphi_i(k_t,k_u,k_v)\} \qquad (7.10)$$

$$\varphi_i(k_t,k_u,k_v) = k_u x_i + k_v y_i + \sqrt{4k_t^2-k_u^2-k_v^2}(H-z_i) \qquad (7.11)$$

其中,$k_t = 2\pi f_0/c$ 表示距离向波数;k_u 为顺轨向波数;k_v 为交轨向波数。

以场景中心 $P_0(x_0,y_0,z_0)$ 为参考点构造匹配滤波器

$$h(t,u,v) = p(\tau(u,v,P_0)-t) \qquad (7.12)$$

$$\tau(u,v,P_0) = \frac{2\sqrt{(u-x_0)^2+(v-y_0)^2+(H-z_0)^2}}{c} \qquad (7.13)$$

将其变换到三维波数域中,得到

$$H(k_t,k_u,k_v) = P^*(k_t)\exp\{\mathrm{j}\varphi_0(k_t,k_u,k_v)\} \qquad (7.14)$$

$$\varphi_0(k_t,k_u,k_v) = k_u x_0 + k_v y_0 + \sqrt{4k_t^2-k_u^2-k_v^2}(H-z_0) \qquad (7.15)$$

将式(7.14)与式(7.10)相乘得到

$$\begin{aligned}
S_M(k_t,k_u,k_v) &= S(k_t,k_u,k_v)H(k_t,k_u,k_v)\\
&= |P(k_t)|^2\exp\{\mathrm{j}\varphi_0(k_t,k_u,k_v)\}\sum_i \sigma_i \exp\{-\mathrm{j}\varphi_i(k_t,k_u,k_v)\}
\end{aligned}$$

$$(7.16)$$

$$\varphi_0(k_t,k_u,k_v) = k_u x_0 + k_v y_0 - \sqrt{4k_t^2-k_u^2-k_v^2}z_0 \qquad (7.17)$$

$$\varphi_i(k_t,k_u,k_v) = k_u x_i + k_v y_i - \sqrt{4k_t^2-k_u^2-k_v^2}z_i \qquad (7.18)$$

由于三个方向上的波数 (k_t,k_u,k_v) 并不满足正交关系,需要对其进行三维的 STOLT 变换,映射关系为

$$\left.\begin{aligned}
k_x &= k_u\\
k_y &= k_v\\
k_z &= -\sqrt{4k_t^2-k_u^2-k_v^2}
\end{aligned}\right\} \qquad (7.19)$$

经过三维 STOLT 变换后,可将 (k_t,k_u,k_v) 映射为 (k_x,k_y,k_z)。由于 k_z 是关于 (k_t,k_u,k_v) 的非线性映射,因此变换中需要对其进行插值,以使 k_z 是均匀分布的。

将 STOLT 变换后的信号作三维反傅里叶变换即可获得三维图像。

交轨向阵列结构较稀疏,使得成像中交轨向的旁瓣较高。考虑在交轨向频域中,利用满阵的交轨向谱作为参考构造窗函数,将稀疏阵列交轨向谱在满阵交轨向谱宽范围之外的置成零,即对稀疏阵列天线的交轨向频谱进行加窗预处理,可改善稀疏阵列天线造成的旁瓣较高的影响。具体实现将在仿真实验中进行详细说明。

7.4.2　仿真实验

1. 系统参数

为了能够验证系统的三维成像性能,仿真中采用了实际系统的参数。

载机的飞行高度为 1396m,飞行速度为 47.6m/s。观测场景的最低海拔高度为 346m。系统工作在 Ka 波段,发射信号带宽为 400MHz,脉冲重复频率为 4000Hz。但是在数据处理时已对顺轨向数据做了 4 倍降采样,因此仿真参数中将脉冲重复频率设为 1000Hz。交轨向稀疏阵列天线由三个等效相位中心构成,占据 6 个空间位置,空间位置间隔为 0.1m。详细的系统参数如表 7.1 所示。

表 7.1　系统参数及性能指标

参数	数值	参数	数值
载机飞行高度/m	1396	载机飞行速度/(m/s)	47.6
雷达工作频率/GHz	35	信号带宽/MHz	400
交轨向波束入射角/(°)	35	交轨向孔径数量	3
交轨向稀疏阵列天线有效长度/m	0.5	真实孔径直径/m	0.2
子阵间隔/m	0.1	脉冲重复频率/Hz	1000
交轨向分辨率(场景中心)/m	±11	距离向分辨率/m	±0.4

2. 仿真结果

基于表 7.1 给出的系统参数,对位于 $(0,735m,346m)$ 的点目标,利用上述成像方法进行了侧视三维成像。图 7.7(a) 为三维成像结果,图 7.7(b) 为顺轨向 0m 处交轨向-高程向的二维切面图。点目标的仿真结果表明利用此系统可以实现侧视三维成像,但是交轨向分辨率较低(该点处的交轨向分辨率约为 11m)。由于交轨向波束侧视,使得交轨向分辨率和高程向分辨率产生耦合,较低的交轨向分辨率会部分转化为高程向的不确定性,此现象可从图 7.7(b) 中观察到。

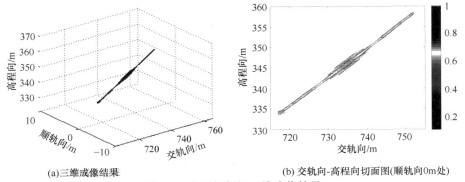

(a)三维成像结果　　(b) 交轨向-高程向切面图(顺轨向0m处)

图 7.7　点目标侧视三维成像结果

　　由于交轨向的阵列是稀疏分布的,因此交轨向存在旁瓣较高的问题。为了解决交轨向旁瓣较高的问题,考虑对交轨向频谱进行加窗预处理。

　　利用满阵天线的交轨向频谱作为参考来构造窗函数。确定由 6 个子阵构成的满阵天线可获得的交轨向谱宽,图 7.8(a)为 6 个子阵构成的满阵天线的二维频谱(距离向-交轨向),取距离向频域第 100 个采样点位置的交轨向幅度谱如图 7.8(b)所示。图 7.9(a)为本章中由三个等效相位中心构成的稀疏阵列天线的二维频谱(距离向-交轨向),取距离向频域第 100 个采样点位置的交轨向幅度谱如图 7.9(b)所示。将稀疏阵列天线的交轨向频谱位于满阵交轨向谱宽范围之外的值均置为零,即对其进行加窗预处理,得到的二维频谱如图 7.10(a)所示。取距离向频域第 100 个采样点位置的交轨向幅度谱如图 7.10(b)所示。

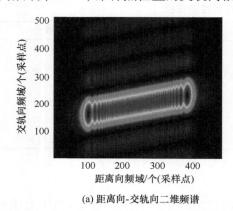

(a) 距离向-交轨向二维频谱

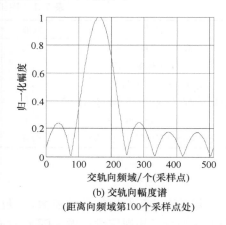

(b) 交轨向幅度谱
(距离向频域第100个采样点处)

图 7.8　由 6 个单元构成的满阵天线的交轨向频谱示意图

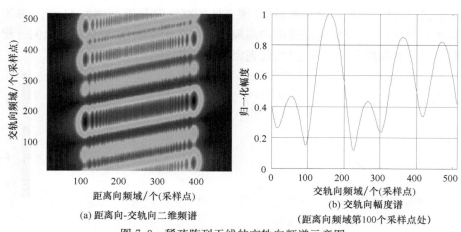

(a) 距离向-交轨向二维频谱

(b) 交轨向幅度谱
(距离向频域第100个采样点处)

图 7.9　稀疏阵列天线的交轨向频谱示意图

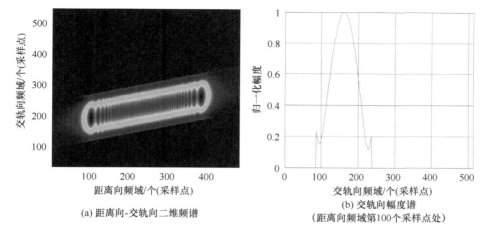

(a) 距离向-交轨向二维频谱 　　　　　(b) 交轨向幅度谱
（距离向频域第100个采样点处）

图 7.10　稀疏阵列天线的交轨向频谱加窗预处理后的结果

　　将交轨向频谱进行加窗预处理后,获得点目标侧视三维成像结果如图 7.11(a)所示,图 7.11(b)为顺轨向 0m 处交轨向-高程向的二维切面图。通过对比图 7.7(b)和图 7.11(b),可知通过交轨向频谱的加窗预处理,交轨向旁瓣得到了有效的抑制。

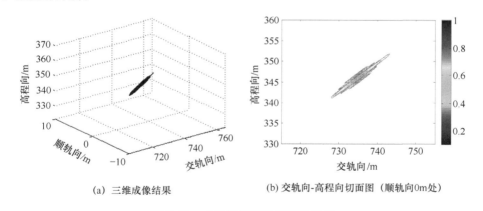

(a) 三维成像结果　　　　　(b) 交轨向-高程向切面图（顺轨向0m处）

图 7.11　点目标侧视三维成像结果

　　构造一个模拟的场景,如图 7.12(a)所示,场景中包含两个相同高度(海拔高度为 361m)的平面,仿真中仅在两个相同高度的平面上设置点目标。对该仿真场景进行侧视三维成像处理,获得的三维成像结果如图 7.12(b)所示,从成像结果中可以区分两个相同高度的平面。

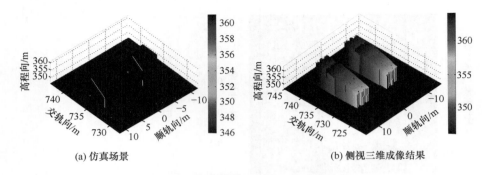

(a) 仿真场景   (b) 侧视三维成像结果

图 7.12 仿真场景 1 侧视三维成像结果

    构造另外一个模拟的场景,如图 7.13(a)所示,场景中仍设置两个相同高度 (海拔高度为 361m)的平面,仿真中不仅在两个相同高度的平面上设置点目标,在 地平面(海拔高度为 346m)上也设置了点目标。对该仿真场景进行侧视三维成像 处理,获得的三维成像结果如图 7.13(b)所示。

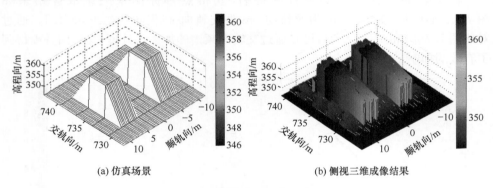

(a) 仿真场景   (b) 侧视三维成像结果

图 7.13 仿真场景 2 侧视三维成像结果

    对于高度变化较大的复杂场景,其交轨向的频谱范围较宽,利用交轨向频谱加 窗预处理时,仅是以场景中某一点位置对应的频谱为参考进行处理,与该点对应的 交轨向旁瓣得到了有效的抑制,但是对于场景的其他位置不能实施精确处理,加之 交轨向分辨率和高程向分辨率存在耦合,均会对侧视三维成像质量造成一定的 影响。

7.4.3 实际数据处理结果

    利用中国科学院电子学研究所研制的机载交轨三基线毫米波 InSAR 原理样 机获取的数据,采用上述成像算法对其进行侧视三维成像处理。图 7.14(a)为利 用实测数据获得场景的二维成像,截取其中红色线所包含场景的数据,完成侧视三 维成像,结果如图 7.14(b)所示。

　　该场景为一片农田，其中有三棵不同高度的树。树的高度为 15m～25m，三维成像场景尺寸为 48m×30m×40m(顺轨向×交轨向×高程向)。

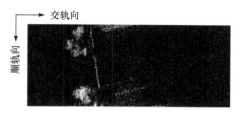

(a) 二维成像结果

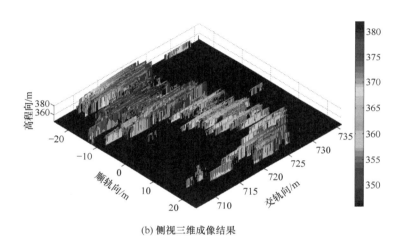

(b) 侧视三维成像结果

图 7.14　实际场景的侧视三维成像结果

7.5　基于压缩感知的侧视三维成像处理

7.5.1　三维成像算法

1. 回波信号分析

　　经过等效相位中心补偿，可认为载机平台使用图 7.3 所示的线阵做自发自收操作。那么，在 t_m 采样时刻第 i 个等效相位中心到 P 点的距离可表示为

$$R(y_i) = \sqrt{(vt_m - x)^2 + (y_i - y)^2 + (H - z)^2} \qquad (7.20)$$

其中 y_i 为第 i 个等效相位中心在交轨向的位置。从而可以得到第 i 个等效相位中心的回波

$$s(y_i) = a_r \left[\tau - \frac{2R(y_i)}{c} \right] \cdot a_a(t_m) \cdot \exp\left[-j4\pi \frac{R(y_i)}{\lambda} \right] \cdot \exp\left\{ j\pi K_a \left[\tau - \frac{R(y_i)}{\lambda} \right]^2 \right\}$$

$$(7.21)$$

其中 $a_r[\cdot]$ 表示发射信号的包络波形；$a_a[\cdot]$ 表示慢时间维的窗函数，c 为光速，$\lambda = c/f_c$ 为信号波长，f_c 为信号载频。经过运动补偿和成像处理，每个等效的孔径均可获得在 xr 平面的二维图像。由于本节的重点为高程方向的信号处理，且传统的成像算法比较成熟，故这里不对每个孔径二维成像做更多的表述。对每个孔径的回波信号采用 ω-K 算法进行处理，获得其二维图像

$$u(x, r, y_i) = \text{sinc}\left[B\left(\tau - \frac{2r}{c} \right) \right] \cdot \text{sinc}\left[B_a\left(t_m - \frac{x}{v} \right) \right] \cdot \exp\left(-j\frac{4\pi}{\lambda}r \right) \quad (7.22)$$

其中 $r = \sqrt{(y_i - y_0)^2 + (H - z_0)^2}$。

　　由于天线阵列结构在交轨向上，而成像在 xrs 坐标系，需要将其补偿至参考轨迹 s' 轴上。模型在 rs 平面的投影如图 7.15 所示。E_i 表示第 i 个等效相位中心及其位置。令 Bp_i 表示孔径 E_i 到参考轨迹位置处平行于视线方向的距离，Bo_i 表示孔径 E_i 到参考轨迹位置处垂直于视线方向的距离，S_T 表示高程向合成孔径大小，S_s 表示高程向的照射幅宽，θ 为入射角。

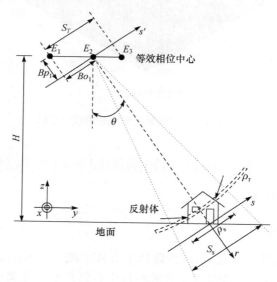

图 7.15　机载侧视三孔径 SAR 几何模型（rs 平面）

　　值得注意的是，以图 7.15 中的地面散射体为例，在同一方位-距离单元格内，仅有两处不同高程的散射信息（以箭头指出），高程方向的散射点非常稀疏。侧视三维成像实际是对场景目标的轮廓进行成像，这样对于每个方位-距离单元来说，

场景在在高程向是稀疏的。这表明场景是可以稀疏重建的,为 CS 的应用提供了前提。

经过亚像素级的配准和相位误差补偿后,由 $s_i'(s_i'=Bp_i)$ 处孔径获得的图像中特定坐标 (x,r) 的像素点可以认为是对应方位-距离单元的不同高程的散射点沿 s 轴的投影叠加,其投影关系由式(7.23)给出:对于基于 CS 的成像处理,主要利用了雷达成像是包络成像这一事实。地物在高程向通常是稀疏的,所以在高程向可以利用压缩感知技术。在进行二维成像和配准后,同一方位-距离单元的信号可表示为

$$u(x,r,s_i') = \int_{-\frac{S_s}{2}}^{\frac{S_s}{2}}\sigma(x,r,s)\exp\left[-\mathrm{j}\frac{4\pi}{\lambda}R(s_i',s)\right]\mathrm{d}s \qquad (7.23)$$

其中 $\sigma(x,r,s)$ 为散射点的反射函数。如果阵列长度远小于天线到场景中心的距离 R_0,那么 $R(s_i',s)$ 可以用泰勒级数展开为

$$R(s_i',s)=\sqrt{(R_0+Bp_i)^2+(s_i'-s)^2}\approx R_0+Bp_i+\frac{(s_i'-s)^2}{2R_0} \qquad (7.24)$$

那么,式(7.23)可写为

$$u(x,r,s_i') = \exp\left[-\mathrm{j}\frac{4\pi}{\lambda}(R_0+Bp_i)\right]\cdot\int_{-\frac{S_s}{2}}^{\frac{S_s}{2}}\sigma(x,r,s)\exp\left[-\mathrm{j}\frac{2\pi}{\lambda R_0}(s_i'-s)^2\right]\mathrm{d}s$$
$$(7.25)$$

注意到对于每个特定的像素点 (x,r),式(7.23)均独立成立,为简化书写起见,忽略式中的 x 和 r。令

$$\begin{cases}\sigma(s)=\sigma(s)\exp\left(-\mathrm{j}\dfrac{2\pi}{\lambda R_0}s^2\right) \\[2mm] u(s_i')=u(s_i')\exp\left[\mathrm{j}\dfrac{4\pi}{\lambda}(R_0+Bp_i)\right]\exp\left(\mathrm{j}\dfrac{2\pi}{\lambda R_0}s_i'^2\right)\end{cases} \qquad (7.26)$$

那么,式(7.25)可写为

$$u(s_i') = \int_{-\frac{S_s}{2}}^{\frac{S_s}{2}}\sigma(s)\exp\left(\mathrm{j}\frac{4\pi}{\lambda R_0}s_i's\right)\mathrm{d}s \qquad (7.27)$$

式(7.27)本质上可以认为是高程方向散射点 $\tilde{\sigma}$ 逆傅里叶变换。通过对每一个方位-距离单元进行傅里叶变换,便可以高效地获得 3D 反射特性 $\tilde{\sigma}$。非均匀的采样可以通过插值等方法使其仍然满足重建的要求。若平均采样率小于 Nyquist 采样率,则会引起混叠和高的副瓣等现象。当采用傅里叶变换(Fourier transform, FT)时,需将式(7.27)离散化,令场景沿高程向坐标轴 s 以 Δs 等间隔采样,则有

$$\frac{2}{\lambda R_0}\Delta s'\Delta s=\frac{1}{N} \qquad (7.28)$$

根据以上的推导,对式(7.27)的求逆即可获得高程方向的散射信息,并可得出

高程方向分辨率与阵列长度 ST 相关

$$\rho_s = \frac{\lambda R_0}{2S_T} \tag{7.29}$$

而在实际情况中,由于等效相位中心并不是沿 s 轴均匀分布的,关于均匀采样的假设并不成立。更糟糕的是,孔径数 $M=3$,远远小于 N。基于奇异值分解(singular value decomposition,SVD)的方法和非线性最小方差估计(nonlinear least square estimation,NLS)等谱估计方法被提出并应用到非均匀采样及采样数少的情况,但 SVD 方法不能改善分辨率;而谱估计方法如多信号分类(multiple signal classification,MUSIC),能获得散射点的高程位置信息,但无法得到其后向散射能量信息[15]。

根据前述场景的稀疏性和阵列的随机性分析,本节引入 CS 理论,有效地利用了同一方位-距离单元中 $\tilde{\sigma}$ 的稀疏特性,在随机非等间隔的采样条件下,能对场景进行较准确的重建。

2. 基于压缩感知的成像

由图 7.15 已说明,除特殊情况外(如垂直于波传播方向的斜面),场景在高程方向是稀疏的,即 $\tilde{\sigma}$ 可以稀疏表示,因此可以将 CS 引入高程向的成像。令 $s_n = n\rho'_s$ $\left(\rho'_s = \dfrac{\rho_s}{\eta}, \eta \text{ 为超分辨倍数}\right)$,并将积分式转化为求和式,则可得到式(7.27)离散形式。

$$\frac{1}{\rho'_s} u(s'_i) = \sum_{j=-\frac{N-1}{2}}^{\frac{N-1}{2}} \sigma(s) \exp\left(j\frac{4\pi}{\lambda R_0} s'_i s_j\right) \tag{7.30}$$

将式(7.28)代入式(7.30),并令

$$\Phi = \left\{ \exp\left(j\frac{2\pi}{\eta S_T} \cdot s'_i \cdot j\right) \right\}_{M \times N} \tag{7.31}$$

那么,忽略乘积中不影响求解的常数项,式(7.30)可写为矩阵形式:

$$u = \Phi\sigma \tag{7.32}$$

成像的问题转化为由少量的投影 $u_i = \langle \sigma, \Phi_i \rangle (i=1,2,3)$ 重建稀疏信号 $\tilde{\sigma}$ 的优化问题,这是一个典型的 CS 问题,利用基于 ℓ_1 范数的优化求解或者基于贪婪算法的求解[16],即可重建场景。

3. CS 应用参数分析

根据以上的分析可以知道,侧视三维成像场景是否能被正确重建,取决于场景的稀疏度以及观测矩阵 Φ 是否满足 RIP 性质。又由式(7.31)可得,观测矩阵 Φ 由阵列布局、超分辨倍数决定其是否满足 RIP 特性。

CS 理论指出,当观测矩阵满足一定条件的不相关性时,只要满足不等式(7.33),即可从观测量 u 中以极大的概率重建稀疏信号 σ 中 K 个较大的系数[17],该 K 值即为重建的散射点个数。

$$M \geqslant CK\,(\ln N)^4 \tag{7.33}$$

其中 C 为一较小的常数。由于侧视三维成像实际是对场景目标的轮廓进行成像,在同一方位-距离分辨单元中,场景目标在高程向是稀疏的,通常只可能有几个散射点,在此不妨设 $K \leqslant 3$。在试验中 $2 < \ln N < 2.5$,C 可由数值试验经验确定约为 0.01,而 $M = 3$。因此,试验参数满足不等式(7.33),交轨向的采样数可以重建场景。

为了用 CS 实现超分辨,需要确定超分辨倍数 η。当超分辨倍数过高时,两个散射点之间的距离越近,则其信号的相关性越强。反应在观测矩阵 Φ 上,则是列与列之间的相关性增强,从而不符合 RIP 性质。若要使观测矩阵满足 RIP 性质,则需增加观测数 M。而在实际应用中,观测数 M 取决于阵列布局,是有限的。在观测数 M 一定时,超分辨倍数 η 的上限为

$$\eta \leqslant \frac{\lambda R_0}{S_T S_s} \exp\left[\left(\frac{M}{CK}\right)^{1/4}\right] \tag{7.34}$$

那么,实现超分辨成像时,分辨率可以达到

$$\rho_s' = \frac{\rho_s}{\eta} \geqslant \frac{S_s}{2} \exp\left[\left(\frac{M}{CK}\right)^{-1/4}\right] \tag{7.35}$$

过高的分辨率不仅会使观测矩阵不满足 RIP 性质,从而使正确重建场景的概率降低,也会增大观测矩阵 Φ 的规模,从而降低了运算效率。综合考虑,本节试验的超分辨倍数 η 选为 $1.5 \sim 2$,与之对应的高程向分辨率可以提高约 1 倍。

7.5.2　仿真实验及分析

1. 仿真参数

仿真实验以中国科学院电子学研究所研制的国内第 1 台三基线毫米波合成孔径雷达原理样机为基础,详细参数见表 7.2。

表 7.2　系统参数

参数	数值	参数	数值
载频 f_c/GHz	35	孔径间距 L_1/m	0.6
带宽/MHz	400	平台高度 H/m	1000
采样率/MHz	600	平台速度 v/(m/s)	50
信号时宽/μs	0.5	入射角 θ/(°)	35
等效相位中心间距 L_e/m	0.1	脉冲重复频率/Hz	600
孔径尺寸 D/m	0.2	孔径间距 L_2/m	0.4

根据以上参数,使用子阵方向图加权,可得到阵列方向图的峰值旁瓣比(peak to sidelobe ratio, PSLR)约为-10.66dB,积分旁瓣比(integrated sidelobe ratio, ISLR)约为-8.40dB。通过对稀疏阵列结构天线方向图和7.2节中自相关函数曲线的分析,可以确定交轨向三孔径稀疏阵列天线在交轨向没有欠采样,因此该系统可以实现对观测场景的侧视三维成像。

2. 成像分辨率和精度分析

由表7.2参数,可以确定本试验三维成像在3个方向的分辨率$\rho_x=0.1$m,$\rho_r=0.375$m,$\rho_s=12.81$m。斜距向的分辨率ρ_r远远小于高程向分辨率,$\rho_r \ll \rho_s$,斜距向的响应尺度远远小于高程向的响应尺度,相对于高程向可认为是离散的冲击响应(δ函数),信号可用极少量的点状分布的组合来描述,说明了场景在高程向是稀疏的。

本节的仿真在无噪声情况下进行试验,在实际情况中,测量精度可由式(7.36)确定[18]。

$$\delta\rho = \frac{\rho}{\sqrt{SNR/2}} \tag{7.36}$$

其中,ρ为测量方向的分辨率,SNR为信噪比。

3. 点目标仿真分析

本节采用点目标仿真来分析其性能,仿真参数如表7.2所示。为了验证CS方法的超分辨能力,将点目标设置在高程向的不同和同一分辨单元分别进行成像。为了简化实验,本节的仿真采用6个子阵构成的等间隔满阵进行仿真。

图7.16(a)中两个点目标同一方位-距离单元的$s=-18.3$m和$s=0$m处,由于两点目标处于高程向不同的分辨单元,传统的基于FT的成像和基于CS的方法均能将目标区分。图7.16(b)中两个点目标$s=-7.3$m和$s=0$m,处于同一高程分辨单元内。由成像结果可知,传统方法不能区分两个目标,而基于CS的成像方法能将两个点目标分开。由此可知,CS方法具有超分辨的能力。

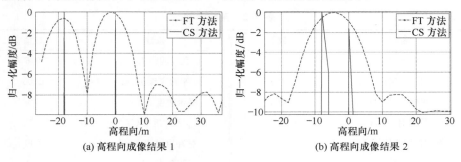

(a) 高程向成像结果1　　　　　　　　(b) 高程向成像结果2

图7.16　点目标仿真结果

4. 圆锥场景仿真分析

本节采用对圆锥场景的仿真来分析本节算法的有效性,系统参数与上一节点目标仿真的参数相同,圆锥的参数见表 7.3。

图 7.17 为仿真圆锥在 xrz 坐标系的几何位置。分别采用基于 FT 的方法与基于 CS 的方法在满阵和稀疏阵条件下对锥体进行成像。将两种方法的成像结果由 xrs 坐标系转换到

表 7.3　圆锥参数

参数	数值
锥体半径/m	20
锥体高度/m	10

xrz 坐标系以方便与仿真锥体相比较。采用最小平均距离准则评价成像的质量,

$$\Delta d = \frac{1}{MN} \sqrt{\sum_{x=1}^{M} \sum_{r=1}^{N} \Delta z\,(x,r)^2} \tag{7.37}$$

式中 $\Delta z(x,r)$ 为成像结果与仿真圆锥在斜距平面坐标点 (x,r) 对应的高度差。

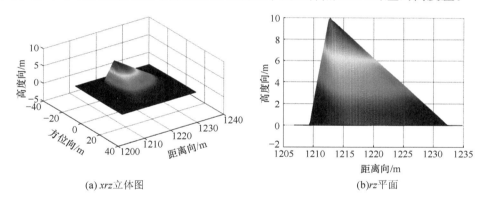

(a) xrz 立体图　　　　　　　　　　　　　　(b) rz 平面

图 7.17　仿真圆锥体位置关系图

图 7.18～图 7.21 分别为基于 FT 方法与基于 CS 方法在满阵和稀疏阵条件下对圆锥体三维成像的结果。成像结果与仿真圆锥的平均距离差列于表 7.4。

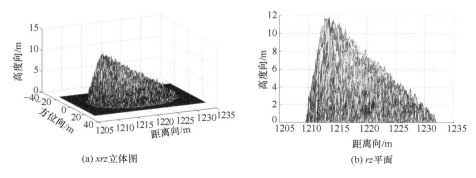

(a) xrz 立体图　　　　　　　　　　　　　　(b) rz 平面

图 7.18　满阵条件下基于 FT 方法的圆锥三维成像

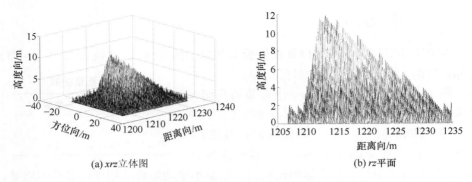

(a) *xrz*立体图　　　　　　　　　　　(b) *rz*平面

图 7.19　满阵条件下基于 CS 方法的圆锥三维成像

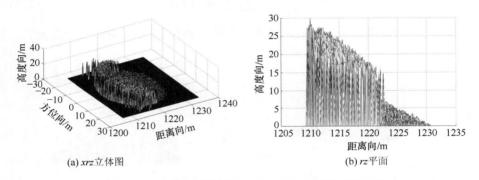

(a) *xrz*立体图　　　　　　　　　　　(b) *rz*平面

图 7.20　稀疏阵条件下基于 FT 方法的圆锥三维成像

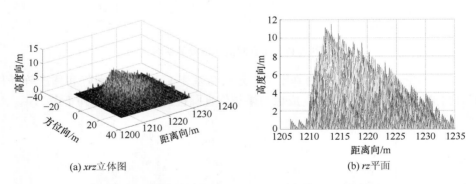

(a) *xrz*立体图　　　　　　　　　　　(b) *rz*平面

图 7.21　稀疏阵条件下基于 CS 方法的圆锥三维成像

表 7.4　成像结果与理想圆锥体误差

参数	满阵	稀疏阵
基于 FT 方法	0.0107	0.0206
基于 CS 方法	0.0055	0.0090

从比较结果来看,CS 方法重建场景的能力在满阵和稀疏阵条件下均优于传统方法。由图 7.20 可知,在稀疏阵条件下,由于高副瓣的影响,传统方法已经难以重建场景,而 CS 方法不仅能正确重建场景,成像效果更优于传统方法满阵成像的效果,说明 CS 方法具备准确重建场景高程信息的能力。

7.5.3　实际数据处理结果

实际数据采用与 7.4 节相同的数据,其中信号时宽为 $4\mu s$,脉冲重复频率为 $1000Hz$,平台速度为 $46.78m/s$,其余参数均与表 7.2 相同。成像场景为图 7.14(a)矩形框所示区域,图 7.22 为本节方法的处理的结果。

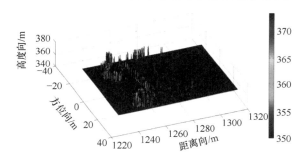

图 7.22　实际数据处理结果

通过比较可知,传统波数域算法能对该场景成像,但交轨向的低分辨率转化为高度方向的不确定性,会导致这两个方向的耦合,引起图像质量的下降[12]。而本节的方法将成像由 xyz 坐标系转换为 xrs 坐标系,较好地解决了该问题。

7.6　小　　结

基于中国科学院电子学研究所研制的机载交轨三基线毫米波 InSAR 原理样机,本章研究了机载交轨三孔径稀疏阵列毫米波 SAR 侧视三维成像处理问题。

交轨向阵列天线长度有限使得交轨向分辨率较低。当交轨向波束侧视时,交轨向分辨率和高程向分辨率会产生耦合,使得较低的交轨向分辨率会部分转化为高程向的不确定性。本章分析了由三个等效相位中心构成的交轨向稀疏阵列天线的方向图,利用真实孔径方向图加权的方法,改善稀疏阵列天线的峰值旁瓣比和积分旁瓣比;利用交轨向频谱的加窗预处理,进一步抑制交轨向旁瓣较高对成像的影响。基于波数域算法的仿真和实际数据处理结果,验证了用该系统实现侧视三维成像的可行性。

　　针对侧视情况下高度方向与交轨向存在耦合的问题,将三维成像处理分解为二维斜距平面成像和第三维高程方向成像两个步骤;基于同一方位-距离分辨单元内,高程向场景信号具有稀疏性的特点,引入压缩感知方法,解决交轨向采样数少及非均匀采样的问题,以实现高程向的超分辨成像。

　　本章利用机载交轨三基线毫米波 InSAR 原理样机获取的数据,对实际场景的侧视三维成像进行了有益的尝试,相关研究工作对于毫米波三维成像 SAR 的发展有一定的指导意义。

参 考 文 献

[1] Shi J, Zhang X L, Yang J Y, et al. Surface tracing based LASAR 3-D imaging method via multiresolution approximation[J]. IEEE Transactions on Geoscience and Remote Sensing, 2008, 46(11): 3719-3730.

[2] 杜磊. 阵列天线下视合成孔径雷达三维成像模型、方法与实验研究[D]. 中国科学院电子学研究所硕士研究生学位论文, 2010.

[3] 李学仕, 孙光才, 徐刚, 等. 基于压缩感知的下视 3 维成像 SAR 成像新方法[J]. 电子与信息学报, 2012, 34(5):1017-1023.

[4] Lopez J, Fortuny J. 3-D radar imaging using range migration techniques[J]. IEEE Transactions on Antennas and Propagation, 2000, 48(5):728-737.

[5] 滕秀敏, 李道京. 机载交轨阵列稀疏天线雷达的下视 3 维成像处理[J]. 电子与信息学报, 2012, 34(6):1311-1317.

[6] Li D J, Liu B, Pan Z H, et al. Airborne MMW InSAR interferometry with cross-track three-baseline antennas[C]. 2012 9th European Conference on Synthetic Aperture Radar (EUSAR 2012). Germany, 2012:301-303.

[7] Zhu X X, Bamler R. Let's do the time warp: motion estimation in differential multicomponent nonlinear SAR tomography[J]. IEEE Geoscience and Remote Sensing Letters, 2011, 8(4):735-739.

[8] Zhu X X, Bamler R. Super-resolution power and robustness of compressive sensing for spectral estimation with application to spaceborne tomographic SAR[J]. IEEE Transactions on Geoscience and Remote Sensing, 2012, 50(1):247-258.

[9] Li Zh F, Bao Zh, Wang H Y, et al. Performance improvement for constellation SAR using signal processing techniques[J]. IEEE Transactions on Aerospace and Electronic Systems, 2006, 42(2): 436-452.

[10] Donoho D. Compressed sensing[J]. IEEE Transactions on Information Theory, 2006, 52(4):5406-5425.

[11] Candès E, Romberg J, Tao T. Robust uncertainty principles: Exact signal reconstruction from highly incomplete frequency information[J]. IEEE Transactions on Information Theory, 2006, 52(4):489-509.

[12] Hou Y N, Li D J, Hong W. The thinned array time division multiple phase center sperture synthesis and application[J]. 2008 IEEE International Geoscience and Remote Sensing Symposium (IGARSS' 2008). Boston, America, 2008:25-28.

[13] 滕秀敏. 稀疏阵列天线在雷达成像即目标探测中的应用研究[D]. 中国科学院电子学研究所硕士研究生学位论文, 2012.

[14] Li D J, Hou Y N, Hong W. The sparse array aperture synthesis with space constraint[C]. 8th European Conference on Synthetic Aperture Radar (EUSAR 2010), Dresden, Germany, 2010:950-953.

[15] Budillon A, Evangelista A, Schirinzi G. Three-dimensional SAR focusing from multipass signals using compressive sampling[J]. IEEE Transactions on Geoscience and Remote Sensing, 2011, 49(1):488-499.

[16] Needell D. Topics in Compressed Sensing [D]. University of California, 2009.

[17] Candès E, Tao T. The Dantzig selector: Statistical estimation when p is much larger than n [J]. The Annals of Statistics, 2007, 35(6):2313-2351.

[18] Skolnik M I. Introduction to Radar Systems[M], 2nd edition. New York: McGraw-Hill Book Company, 1980: 400-407.

第 8 章　高度稀疏阵列的孔径综合和对地成像处理

8.1　引　　言

高度稀疏阵列天线是指子阵数量很少且子阵间距很大,不能通过孔径综合获得满阵相位中心的阵列天线。在前面的研究工作中,虽已采用了稀疏阵列天线,但实施对地成像时其研究工作思路还主要是以换取满阵为目标的,在稀疏阵列优化过程中也没有考虑阵列布局空间位置的约束条件和阵列高度稀疏不可能获得虚拟满阵的情况,其稀疏阵列天线还不能称为是高度稀疏的,已形成的相关方法的应用范围会受到一定的限制,典型情况如机载吊舱结构的交轨阵列天线。当阵列布局的空间位置受到约束或阵列必须是高度稀疏时,稀疏阵列天线旁瓣对成像质量的影响很大,需研究新的高度稀疏阵列孔径综合和对地成像方法。

基于双波段信息和切趾处理技术[1],本章研究了高度稀疏阵列 SAR 孔径综合问题;基于多孔径阵列 SAR 信号在频域和变换域的稀疏性,本章研究了稀疏阵列 SAR 对连续场景的侧视三维成像问题。

8.2　基于双波段信息的高度稀疏阵列天线孔径综合

8.2.1　高度稀疏阵列的旁瓣抑制方法

采用大尺寸的高度稀疏阵列天线,对提高 SAR 的空间分辨率具有重要的意义,但需对其高的栅瓣和旁瓣进行抑制。当稀疏阵列天线子阵布设空间位置确定时,其栅瓣和旁瓣的空间位置与阵列的工作频率有关并随之变化,由此可考虑利用多波段频率信息并结合切趾处理,减少高度稀疏阵列峰值旁瓣的影响。与此同时,当高度稀疏阵列中具有密集排布的多个子阵时,通过密集多子阵信号 DBF 处理,实现孔径方向图加权,减少高度稀疏阵列积分旁瓣的影响。在此基础上形成的一个基于双波段信息综合处理的高度稀疏阵列的旁瓣抑制步骤如下:

(1) 根据子阵的实际布局情况选择阵列的多波段工作频率;

(2) 根据多发多收获得的等效相位中心,分别计算双波段稀疏阵列方向图;

(3) 基于 DBF 处理,计算高频波段密集子阵方向图;

(4) 用高频波段密集子阵 DBF 方向图,对两波段的稀疏阵列方向图进行加权,控制稀疏阵列积分旁瓣比;

(5) 对两波段的稀疏阵列方向图进行切趾处理,抑制稀疏阵列峰值旁瓣比,切趾处理可采用 DA、CDA 和 SVA 等方法[1]。

8.2.2　双波段稀疏阵列天线孔径综合仿真

对于一机翼下子阵布局采用吊舱结构的飞机,其交轨高度稀疏阵列布局情况和参数如下:

(1)整个交轨向稀疏阵列长度为 16m,Ku 和 X 双波段子阵分别布设在机翼下的 4 个吊舱和机腹天线罩内,吊舱间距约为 4m,吊舱直径约为 0.4m,机腹天线罩交轨向尺寸约为 0.8m。

(2)Ku 波段(中心频率 15GHz)子阵布局采用 3＋3＋6＋3＋3 结构,共 18 个子阵,各子阵交轨向尺寸 0.12m,子阵单元数量 12,单元间距半波长。每个吊舱布设 3 个子阵,机腹天线罩内布设 6 个密集子阵。

(3)X 波段(中心频率 10GHz)子阵布局采用 2＋2＋4＋2＋2 结构,共 12 个子阵,各子阵交轨向尺寸 0.18m,子阵单元数量 12,单元间距半波长。每个吊舱布设 2 个子阵,机腹天线罩内布设 4 个密集子阵。

两个不同波段的子阵可布设在顺轨方向,其对应的子阵波束宽度相同,可保证下视观测幅宽相同。

上述双波段稀疏阵列天线孔径综合的仿真结果如图 8.1～图 8.12 所示。

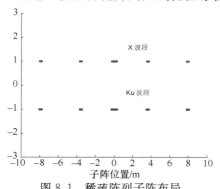

图 8.1　稀疏阵列子阵布局

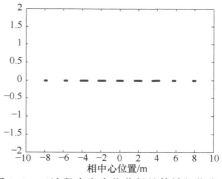

图 8.2　双波段多发多收获得的等效相位中心

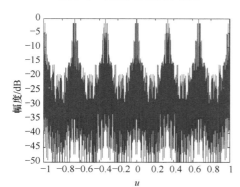

图 8.3　双波段稀疏阵列方向图

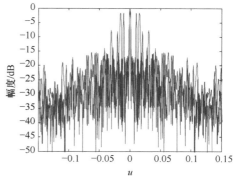

图 8.4　双波段稀疏阵列方向图(局部放大)

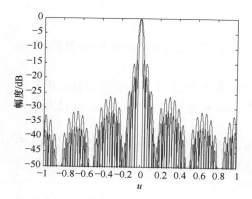

图 8.5　双波段中间密集子阵 DBF 方向图

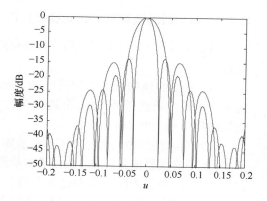

图 8.6　双波段中间密集子阵 DBF 方向图
（局部放大）

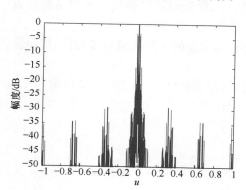

图 8.7　利用 Ku 波段中间密集子阵加权
处理后的稀疏阵列方向图

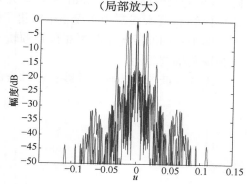

图 8.8　利用 Ku 波段中间密集子阵加权
处理后的稀疏阵列方向图（局部放大）

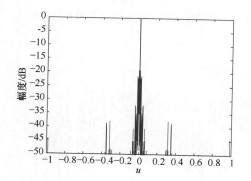

图 8.9　两波段切趾处理后的稀疏阵列方向图

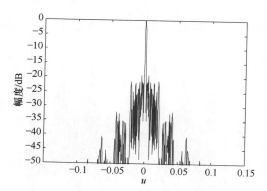

图 8.10　两波段切趾处理后的稀疏
阵列方向图（局部放大）

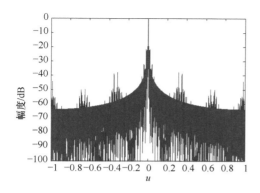
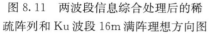
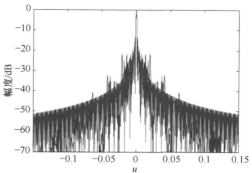

图 8.11　两波段信息综合处理后的稀　　　　图 8.12　两波段信息综合处理后的稀疏阵列
疏阵列和 Ku 波段 16m 满阵理想方向图　　　　和 Ku 波段 16m 满阵理想方向图（局部放大）

　　以上仿真结果表明,通过双波段频率信息综合处理和密集多子阵信号 DBF 处理实现的孔径方向图加权,高度稀疏阵列可获得全阵尺寸决定的分辨率,而其旁瓣影响可得到很大改善。

8.3　基于连续场景的稀疏阵列 SAR 侧视三维成像

8.3.1　信号模型

　　从一般概念讲,连续变化场景应具有可压缩性。但和光学的灰度图像不同,SAR 的回波数据和图像都是复数,各个分辨单元散射点的初始相位是随机的,致使连续变化地物场景的可压缩性难以体现,在空间采样率和系统带宽的设计上,仍需以对点目标信号空间采样率和系统带宽为参考,故传统的单孔径 SAR 很难实现空间降采样。采用交轨阵列天线 SAR 形成的多孔径阵列观测结构,有可能消除不同分辨单元散射点的随机初始相位影响,还原连续变化地物场景的可压缩性,降低复图像带宽。复图像带宽的减少就意味着空间采样率可以降低,该概念不仅可用于二维成像的空间降采样,也可考虑转入交轨稀疏阵列三维成像空间采样过程,并在交轨向实现空间降采样。事实上由于自然地物场景都是在三维空间连续变化的,在三维成像时可实现空间降采样的倍数应该更大,这使得交轨向子阵的高度稀疏布局成为可能。在此基础上,对连续场景观测时,稀疏阵列多相位中心孔径综合后的相位中心数量和分布情况不必与满阵天线的相同。

　　侧视三维成像是合成孔径雷达三维成像的主要应用方向之一,本节基于机载平台,研究了交轨向稀疏阵列 SAR 侧视三维成像问题,其成像几何如图 8.13 所示,其中 H 表示载机高度,v 表示飞机的飞行方向,O 表示机下点的位置,X、Y、Z 分别表示顺轨向、交轨向和高程向三个方向。

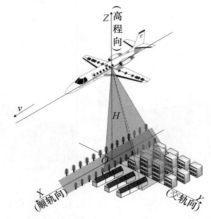

图 8.13　机载交轨稀疏阵列 SAR 侧视三维成像系统

　　传统的三维成像模型一般建立在以顺轨向 x,交轨向 y 和高程向 z 为坐标轴的直角坐标系中[2],将其定义为传统直角坐标系,如图 8.14(a)所示。为了简化距离徙动校正可以引入柱面坐标系,将电磁波由发射到接收的距离历程表示为方位向 x,距离向 r 以及俯仰角 θ 的函数[3],如图 8.14(b)所示。本节中,为了避免侧视三维成像时交轨向与距离向的耦合影响,根据参考文献[4]将坐标系建立在顺轨向 x,距离向 r 以及与顺轨和距离平面垂直的高度方向 s,如图 8.14(c)所示,并将其定义为斜平面直角坐标系。图中的 O 都表示坐标原点的位置,坐标轴的方向都已在图中标明。

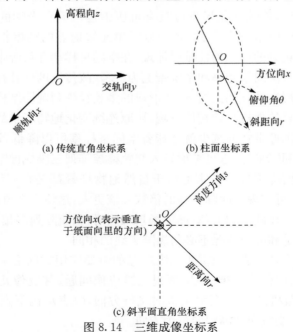

图 8.14　三维成像坐标系

以构型为$[100100111001001]$的由 7 个子阵构成的占用 15 个子阵位置的稀疏阵列为例,采用上述定义的斜平面直角坐标系,本小节采用的交轨向稀疏阵列 SAR 侧视三维成像系统信号模型如图 8.15 所示,图中的子阵位置表示的是等效相位中心的位置。此外,为了便于处理,在实际数据处理过程中,可将交轨方向的水平阵列获取的回波信号投影到与水平方向成 θ 角(θ 为场景中心入射角)的直线上。

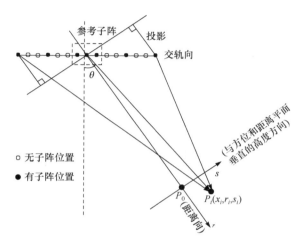

图 8.15 交轨向稀疏阵列天线 SAR 信号模型

图 8.15 所示的子阵位置均表示等效相位中心位置,该模型等效于各子阵自发自收,设某子阵投影到图 8.15 所示的直线上后在斜平面直角坐标系中的坐标为$(x_m, \mathrm{Rref}, s_n)$,其中 Rref 为固定值,是阵列中心到场景中心的斜距,$\mathrm{Rref} = H/\cos\theta$($H$ 为载机高度),该子阵到目标点 $P_i(x_i, r_i, s_i)$ 的距离为

$$R(x_m, s_n) = \sqrt{(x_m - x_i)^2 + (\mathrm{Rref} - r_i)^2 + (s_n - s_i)^2}$$

$$\approx (\mathrm{Rref} - r_i) + \frac{(x_m - x_i)^2}{2(\mathrm{Rref} - r_i)} + \frac{(s_n - s_i)^2}{2(\mathrm{Rref} - r_i)} \tag{8.1}$$

子阵发射的线性调频信号为

$$p(t) = \mathrm{rect}\left(\frac{t}{T_p}\right) \exp\left[j2\pi\left(f_c t + \frac{1}{2}K_r t^2\right)\right] \tag{8.2}$$

其中,T_p 为脉冲持续时间;f_c 为发射信号载波频率;K_r 为线性调频信号的调频率。总的回波信号可以看成是成像区域内所有点目标回波信号的叠加,则第 n 个子阵在方位向采样点为 x_m 时的回波信号可表示为

$$s(t, x_m, s_n) = \sum_i \sigma_{ni} p\left(t - \frac{2R(x_m, s_n)}{c}\right) \tag{8.3}$$

其中$\dfrac{2R(x_m,s_n)}{c}$为该子阵到点目标的往返延时，$\sigma_{ni}=\gamma_{ni}\,\mathrm{e}^{\mathrm{j}\varphi_{ni}}$是点目标的后向散射系数，为一复数；$\gamma_{ni}$为散射系数的幅度；$\varphi_{ni}$为取值范围在$[0,2\pi)$的散射点随机初相位，由于观测角度变化很小，每个子阵对同一散射点的后向散射系数近似相等，可以将各子阵在散射点P_i的后向散射系数统一表示为$\sigma_i=\gamma_i\,\mathrm{e}^{\mathrm{j}\varphi_i}$。

8.3.2　信号处理

1. 斜平面直角坐标系三维成像

目前已有的三维成像方法有三维 RD 算法[5]、三维 ω-K 算法[6]以及基于层析 SAR 的高分辨率成像[7]等，本节的三维成像方法是首先对每个子阵的回波信号进行二维成像，然后对第三维高度方向进行成像，主要成像过程如下所述。

以场景中心点 $P_0(0,0,0)$ 为参考点，先采用二维 ω-K 成像[8]方法对每个子阵的回波信号进行二维成像，子阵回波信号二维成像后的信号为

$$s(t,x_m,s_n)=A_{\mathrm{a}}A_{\mathrm{r}}\mathrm{sinc}\Big[B\Big(t-\frac{2(\mathrm{Rref}-r_i)}{c}\Big)\Big]\mathrm{sinc}\big[B_{\mathrm{a}}(x_m-x_i)\big]$$
$$\times\exp\Big(-\mathrm{j}4\pi\,\frac{(\mathrm{Rref}-r_i)}{\lambda}+\mathrm{j}4\pi K_{\mathrm{r}}\Big(\frac{(s_n-s_i)^2}{2(\mathrm{Rref}-r_i)}\Big)\Big) \tag{8.4}$$

其中，A_{a}，A_{r}分别为方位向、距离向压缩后的信号幅度；B，B_{a}分别为距离向和方位向带宽，以场景中心点 $P_0(0,0,0)$ 为参考点，构造第三维频域匹配滤波器为

$$H_s=\mathrm{FT}\Big\{\exp\Big(-\mathrm{j}4\pi\,\frac{\mathrm{Rref}}{\lambda}+\mathrm{j}4\pi K_{\mathrm{r}}\,\frac{s^2}{2\mathrm{Rref}}\Big)\Big\} \tag{8.5}$$

其中，s 为 s 轴方向的采样点，FT 代表傅里叶变换。经过第三维频域匹配滤波就可以得到聚焦的三维图像。

2. 三维信号重构

对二维复图像，为了去除散射点的随机初相位，可利用干涉 SAR 的处理方法实现信号重构。设两天线的二维复图像分别为

$$S_1=A_1\exp(\mathrm{j}(\varphi_{r1}+\varphi_1)),\quad S_2=A_2\exp(\mathrm{j}(\varphi_{r2}+\varphi_2)) \tag{8.6}$$

其中 A_1，A_2 分别为两幅复图像的幅度；φ_{r1}，φ_{r2} 为散射点随机初相位；φ_1，φ_2 为由高程引起的相位。以图像 S_2 为二维参考复图像，对图像 S_1 进行干涉处理有

$$S_{\mathrm{re}}=A_1\exp\big[\mathrm{j}((\varphi_{r1}+\varphi_1)-(\varphi_{r2}+\varphi_2))\big] \tag{8.7}$$

由于两天线复图像由散射点引起的随机初相位是近似相等的，即 $\varphi_{r1}\approx\varphi_{r2}$，则 S_{re} 可以简化为

$$S_{\mathrm{re}}=A_1\exp\big[\mathrm{j}(\varphi_1-\varphi_2)\big] \tag{8.8}$$

将式(8.8)所表示的过程称为重构，重构后的二维复图像信号已经去掉了散射点的

随机初相位,只保留了由高程差引起的相位,其信号带宽已经降低。

同样的信号处理思路可考虑用于三维成像,对交轨向阵列 SAR 系统而言,构造去除初相位所需的三维参考复图像,可利用系统阵列中间的三个连续子阵(三个子阵为三维成像所需的最小阵列结构)形成参考回波数据,对其进行三维成像处理,并设为三维参考复图像 S_2。对阵列中全部子阵获得的回波信号进行三维成像处理,形成全阵三维复图像 S_1。以三维复图像 S_2 作为参考,将三维复图像 S_1 的相位减去三维复图像 S_2 的相位后,使复图像信号的三维谱宽降低,然后将该三维复图像变换至回波域后形成三维重构信号,经低通滤波后用于三维成像处理。

3. 信号处理流程

基于上述信号处理方法,形成的信号处理流程如图 8.16 所示。

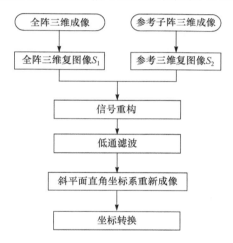

图 8.16　信号处理流程图

信号处理的基本过程是首先对全阵回波信号和参考子阵回波信号分别按上述的三维成像方法进行三维成像,然后用全阵三维复图像的相位减去参考三维复图像的相位并变换至回波信号域形成重构信号,重构信号经过三维低通滤波[9]滤除不必要的高频分量后在斜平面直角坐标系中重新成像,最后将成像结果坐标转换到传统直角坐标系中,进行误差分析。特别要说明的是,此处传统直角坐标系的 y 轴不是用地距而是用斜距表示的。

8.3.3　干涉 SAR 二维成像实际数据验证

1. 实际数据处理

利用一毫米波干涉 SAR 获取的二维图像实际数据来验证上述信号重构方法

的有效性,实际图像数据的幅度、干涉相位及其二维频谱如图 8.17 所示。

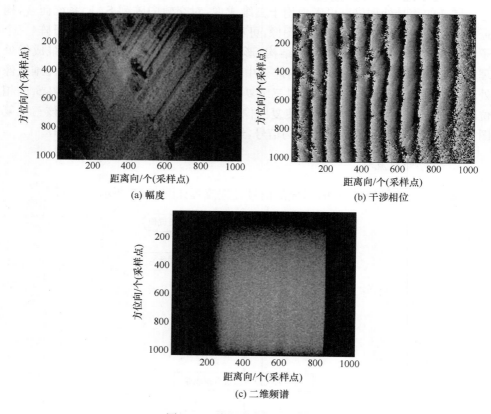

图 8.17　实际数据图像及频谱

将天线 2 的复图像作为参考,用天线 1 的复图像相位减掉参考天线复图像的相位,得到重构后的回波信号,该信号经过方位向和距离向 0.5 倍归一化带宽低通滤波和成像处理后形成的复图像的幅度、相位及二维频谱如图 8.18 所示。

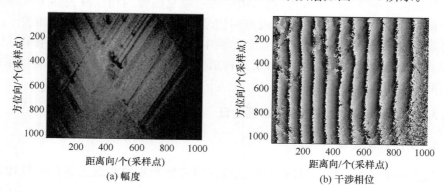

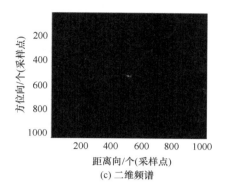

(c) 二维频谱

图 8.18　实际数据重构信号图像及频谱

对比图 8.17 和图 8.18 可以看出,实际数据在重构前后形成的复图像的幅度和相位没有明显变化,而其二维频谱宽度已明显降低。这说明该信号重构处理方法可以实现降低二维复图像信号带宽的目的。

2. 误差分析

采用最小平均距离对重构处理前后的成像结果进行评价,

$$\Delta d = \frac{1}{MN} \sqrt{\sum_{i=1}^{M} \sum_{j=1}^{N} (\Delta z(i,j))^2} \qquad (8.9)$$

其中,$\Delta z(i,j)$ 为二维图像第 (i,j) 点重构前后的幅度图像或干涉相位图的数值差,式(8.9)也可用于三维成像误差分析,此时 $\Delta z(i,j)$ 变为三维成像结果与仿真场景的高度差。

根据式(8.9)计算得到的图 8.17 和图 8.18 的幅度、相位间的最小平均距离分别为 0.0093 和 0.05°,由此可以证明该信号重构处理方法对二维成像处理没有引入较大的误差。

8.3.4　阵列 SAR 侧视三维成像仿真分析

1. 仿真参数

设计的仿真连续场景大小为 15m×15m,场景中心为半径 4m,高 2m 的圆锥体目标。交轨向稀疏阵列 SAR 系统的子阵数目过多会增加系统复杂度,工程实现困难,子阵间隔较大数目太少又会提高对场景连续性的要求。综合考虑以上两个方面将子阵位置的数目选为 15 个,阵列布局如 8.15 所示。在仿真中子阵尺寸为 0.3m,等效相位中心的阵元间距为 0.15m(子阵尺寸的一半),对应的阵列长度为 2.1m。为了得到与上文中实际数据相近的方位向和距离向分辨率,其他系统仿真参数设计如表 8.1 所示。

表 8.1　系统仿真参数

参数	数值	参数	数值
载机高度/m	500	场景中心入射角/(°)	35
飞行速度/(m/s)	50	发射信号带宽/MHz	400
脉冲重复频率/Hz	600	距离向采样频率/MHz	600
脉冲宽度/μs	2	基线倾角/(°)	0
交轨向低通滤波归一化带宽	0.1	方位和距离向低通滤波归一化带宽	0.5

如表 8.1 参数得到的三维分辨率的理论值为 0.15m(顺轨向)×0.375m(距离向)×1.4m(高度方向)。在传统直角坐标系下的目标场景如图 8.19 所示,为了方便与三维成像的结果进行对比,还将锥体转换到了 y 轴用斜距表示的直角坐标系中。

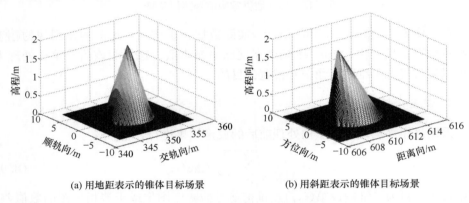

(a) 用地距表示的锥体目标场景　　　　　(b) 用斜距表示的锥体目标场景

图 8.19　传统直角坐标系下的目标场景

2. 仿真分析

仿真中密集阵型定义为如图 8.15 所示的交轨向阵列的所有位置上都有子阵的阵型,即[1111111111111111],密集阵型三维复图像信号以及重构三维复图像信号的三维频谱如图 8.20 所示,重构三维复图像信号的三维频谱已压缩变窄。

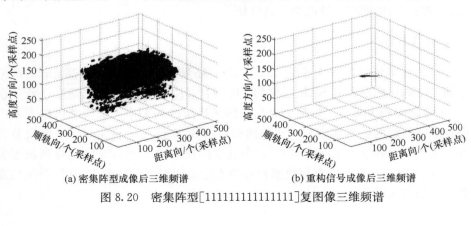

(a) 密集阵型成像后三维频谱　　　　　(b) 重构信号成像后三维频谱

图 8.20　密集阵型[1111111111111111]复图像三维频谱

假定地面场景的连续性可使交轨向阵列稀疏 2 倍,在原理上交轨向阵型可稀疏为[100100100100100],为在空间不欠采样的情况下形成三维参考复图像,需增设 2 个子阵形成[100100111001001]阵型,该阵型即为本节仿真中的稀疏阵型,此时 15 个子阵缩减为 7 个子阵构成的稀疏阵,该稀疏阵复图像信号和重构的三维复图像信号的三维频谱如图 8.21 所示,稀疏阵重构的三维复图像信号的三维频谱也已压缩变窄。

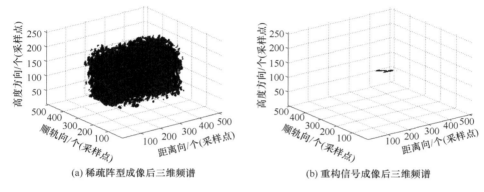

(a) 稀疏阵型成像后三维频谱　　　　(b) 重构信号成像后三维频谱

图 8.21　稀疏阵型[100100111001001]复图像三维频谱

上述分析结果表明,当观测场景具有连续性,在三维复图像域做重构处理以后,回波信号在交轨向的谱宽可以降低,交轨向的子阵可以较大间隔稀疏布设。

15 个子阵的密集阵型成像结果如图 8.22 所示。

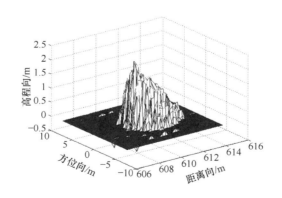

图 8.22　密集阵型成像结果

稀疏阵型的成像结果及用本小节方法重构处理后的成像结果如图 8.23 所示。

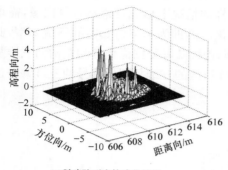

(a)稀疏阵型直接成像结果

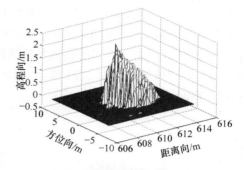

(b)基于信号重构的稀疏阵型成像结果

图 8.23　稀疏阵型成像结果

　　显示三维图像时,场景坐标点的提取和信号归一化幅度及阈值选取有关,在方位距离向平面内坐标点(i,j) $(1 \leqslant i \leqslant N_a, 1 \leqslant j \leqslant N_r, N_a, N_r$ 分别为方位向和距离向点数)处显示的信号幅度值是三维成像得到的三维数组 S 的列向量 $S(i,j,:)$ 中大于阈值的元素的坐标值中的最大值,因此选择较大的阈值可以避免一些幅度值较小的尖峰的存在,但是阈值过大又会影响成像结果的精确度,选择 0.3 和 0.4 两个阈值对侧视三维成像仿真结果进行的误差分析及高度方向分辨率如表 8.2 所示。

表 8.2　仿真结果误差分析

成像阵型	最小平均距离/m		高度方向分辨率/m
	阈值 0.3	阈值 0.4	
密集阵型	0.0040	0.0042	1.5
稀疏阵型	0.0064	0.0045	1.5
基于信号重构的稀疏阵型	0.0046	0.0043	1.65

　　由图 8.23(a)可以看出由于稀疏阵列的高副瓣影响,稀疏阵列的成像结果不甚理想,出现很多的尖峰值。而对比图 8.22 和图 8.23(b)可以看出基于信号重构的稀疏阵型成像结果与密集阵型的成像结果接近,没有高副瓣的现象。表 8.2 的误差分析结果可以得出同样的结论,稀疏阵型重构信号成像结果的最小平均距离与密集阵型成像结果接近,而稀疏阵型直接成像结果的最小平均距离较大,此外,由于低通滤波处理影响,基于信号重构的稀疏阵列侧视三维成像方法在高度方向的分辨率略有降低。以上仿真实验及分析结果进一步证明了本节方法的有效性。

8.4　基于压缩感知的稀疏阵列 SAR 侧视三维成像

8.4.1　信号模型

重构处理使 SAR 复图像在频域具备稀疏性,也意味着在变换域具备稀疏性,为压缩感知方法的使用提供了条件。8.3 节的方法由于采用了低通滤波处理,只适用于等间隔的空间稀疏采样,而且会导致图像分辨率的降低。使用 CS 方法进行侧视三维成像,原理上不会降低图像的分辨率,且无需使用等间隔采样,这减少了对交轨向阵型的设计约束,也为不做孔径综合处理实现对地成像提供了可能。基于 CS 方法研究稀疏阵列 SAR 侧视三维成像问题具有重要意义。

交轨稀疏阵列观测结构如图 8.24 所示。平台沿方位向飞行(x 轴),信号沿波传播方向传播(r 轴),雷达系统的多孔径阵列沿高程向(s 轴)稀疏布设,其中 r 轴垂直于 x 轴和 r 轴。为了方便表述,孔径排列成理想直线。波束在高程向的幅宽为 S。对于指定的方位-距离单元(x_0, r_0),位于高程向 b_k 处的第 k 个孔径的信号可以表示为

$$g(k) = \int_{-S/2}^{S/2} \gamma(s) e^{-j\frac{4\pi}{\lambda}R(s,b_k)} \mathrm{d}s, \quad k = 1, 2, \cdots, K \tag{8.10}$$

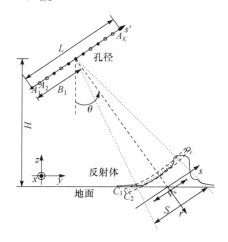

图8.24　交轨稀疏阵列观测结构几何示意图

其中 $\gamma(s)$ 为高程向的反射函数。按式(8.10)泰勒级数展开后,回波信号获取模型可以写为

$$g(k) \approx e^{-j\frac{4\pi}{\lambda}R_0} \int_{-S/2}^{S/2} \gamma(s) e^{-j\frac{2\pi}{\lambda R_0}(s-b_k)^2} \mathrm{d}s \tag{8.11}$$

将 s 轴以 Δs 的间隔采样,那么式(8.11)表述的连续系统可以被离散化为

$$g = \Phi\gamma \tag{8.12}$$

其中,g 为包含 K 个元素 $g(k)\exp(4\pi R_0/\lambda)$ 的观测向量;γ 为包含 N 个元素 $\gamma(i)$ 的反射系数向量;Φ 为 $K\times N$ 的测量矩阵,有如下表达形式:

$$\Phi=\left[e^{-j\frac{2\pi}{\lambda R_0}(s_i-b_k)^2}\right]_{K\times N} \tag{8.13}$$

其中 $s_i=(i-1)\Delta s-S/2$。

由于数据采样时是稀疏的,式(8.12)需要与一选择矩阵 H 相乘,以符合实际模型。

$$\widetilde{g}=Hg=H\Phi\gamma \tag{8.14}$$

式中,H 为单位矩阵去除空缺孔径对应的行,表达式为

$$H=\begin{pmatrix} 1 & 0 & 0 & 0 & \cdots & 0 \\ 0 & 1 & 0 & 0 & \cdots & 0 \\ 0 & 0 & 0 & 1 & \cdots & 0 \\ \vdots & \vdots & \vdots & \vdots & & \vdots \\ 0 & 0 & 0 & 0 & \cdots & 1 \end{pmatrix} \tag{8.15}$$

8.4.2　稀疏性分析和处理方法

SAR 复图像在重构处理后在变换域具备稀疏性为 CS 方法的使用提供了可能。有关 CS 的基础理论见前述章节,以下对 SAR 图像的稀疏性进行补充分析。

1. SAR 图像稀疏性

图 8.24 已经显示了沿高程向散射体的分布情况。在一些方位-距离单元上如 C_1,仅有少数目标分布在不同的高程向单元上,其分布在空间域是稀疏的;在另一些方位-距离单元如 C_2,散射体沿高程向平行分布,场景在空间域是不稀疏的。

由于在空间域场景并不总是稀疏分布的,CS 方法不能直接用于重建空间场景,又由于分辨单元散射点的随机初相位的影响,SAR 复图像信号在变换域也不是稀疏的,难以被压缩。

幸运的是,使用重构处理可以使 SAR 复图像信号在频域和变换域具备稀疏性。图 8.25 为对一毫米波干涉 SAR 获取的二维图像实际数据的分析结果,图 8.25(a)为幅度图像,复图像频谱的直方图如图 8.25(b)所示,图中归一化的傅里叶系数主要集中在 [0,0.4],这说明 SAR 复图像在频域是不稀疏的。图 8.25(c)为重构处理后复图像频谱的直方图,其归一化傅里叶系数主要集中在零频,其频谱已高度稀疏。

(a)

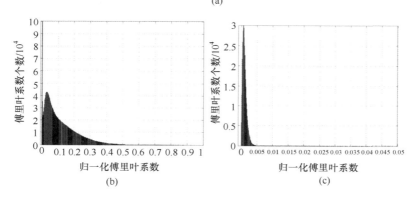

图 8.25　SAR 图像及其频谱直方图

重构处理后复图像频谱高度稀疏就意味着原始 SAR 复图像 γ 可以分解为一副新的可压缩的复图像 γ_{new} 和参考复图像的相位 φ_2 之积,

$$\gamma=\gamma_{\mathrm{new}}\mathrm{e}^{\mathrm{j}\varphi_2} \tag{8.16}$$

新的复图像 γ_{new} 包含了原图像 γ 的幅度和两副天线的干涉相位,并可以稀疏表示为

$$\gamma_{\mathrm{new}}=\boldsymbol{\Psi}\alpha \tag{8.17}$$

其中,$\boldsymbol{\Psi}$ 为稀疏字典,使新复图像 γ_{new} 可以被稀疏表示;α 为新复图像 γ_{new} 在基 $\boldsymbol{\Psi}$ 下的系数。

2. 三维成像稀疏表示

将上一小节二维 SAR 图像的稀疏性扩展至三维成像中,本小节介绍了一种可以稀疏表示高程向信号且能有效处理 SAR 图像复数本质的方法。与式(8.16)相似,式(8.14)中的反射系数向量 γ 可以分解为可稀疏表示的反射系数向量 γ_{new} 和参考孔径形成的复图像相位 φ' 之积。那么,式(8.14)的信号获取模型可以重写为

$$\tilde{g}=H\boldsymbol{\Phi}\gamma=H\boldsymbol{\Phi}P\gamma_{\mathrm{new}}=H\boldsymbol{\Phi}P\boldsymbol{\Psi}\alpha \tag{8.18}$$

其中,$P=\{\exp(\varphi'_i)\}$ 是相位形成的对角矩阵,而 φ'_i 为相位向量 φ' 的元素。考虑噪声 n 的影响,信号模型可以表达为

$$\widetilde{g} = H\Phi P\Psi\alpha + n \tag{8.19}$$

如果相位矩阵 P 是已知的,那么使用基追踪及其改进算法等 CS 求解方法,即可通过求解式(8.20)所示的优化方程获得估计的变换域系数 α 并得到图像。

$$\hat{\alpha} = \arg\min_{\alpha} \parallel \widetilde{g} - H\Phi P\Psi\alpha \parallel_2^2 + \eta \parallel \alpha \parallel_1 \tag{8.20}$$

其中 η 为正常数。不幸的是,在实际应用中不可能在平台再安装一组孔径作为参考阵列,相位矩阵 P 无法获得。在此,采用了一种使用当前阵列中连续子阵形成的子阵列替代另一组阵列的方法。

使用连续子阵形成的子阵列,可以使用传统成像方法获得一幅低分辨率的图像。根据 8.3 节的分析及仿真,使用该复图像的相位进行重构处理,可以降低频谱带宽,使复图像在变换域具备稀疏性,故可以使用连续短子阵替代作为参考阵列。

使用这种替换,式(8.20)可替代为

$$\hat{\alpha} = \arg\min_{\alpha} \parallel \widetilde{g} - H\Phi P_L\Psi\alpha \parallel_2^2 + \eta \parallel \alpha \parallel_1 \tag{8.21}$$

其中,P_L 为连续子阵形成的复图像相位。求解式(8.21),将得到的变换域系数反变换之空间域,即可重建场景。

3. 字典选择

式(8.19)表述了高程向回波 g 和新复图像 γ_{new} 之间的关系。在这个关系中,选择矩阵 H 和测量矩阵 Φ 可由稀疏阵列和回波获取方式确定,是已知的。而相位矩阵 P 可以使用子阵列形成的复图像的相位 P_L 替代。那么,选择一个合适的字典矩阵 Ψ 成为正确重建场景的关键。一个合适的字典需要能良好的稀疏表示图像 γ_{new}。

傅里叶变换基是一种简单而常用的字典矩阵,图 8.25 中已经显示了去除初相位后的图像可以在傅里叶变换基下获得稀疏表示。而且傅里叶变换基与 $H\Phi P$ 高度不相关,也较好地满足了 CS 的使用条件,从而可以提高正确重建的概率。小波变换在图像压缩领域也经常被使用。小波变换和其改进的版本可以有效地稀疏表示 SAR 复图像[10]。因此,本节的方法选用傅里叶变换基和小波字典来构造稀疏字典 Ψ。

8.4.3 仿真实验和分析

本小节给出了本节方法的试验结果,成像场景包含一个圆锥和圆柱,傅里叶变换基,db3 小波和 db4 小波被用来稀疏表示图像。

1. 重建评价准则

由于地面真实场景建立在方位-地距-高度坐标系,而成像结果在方位-斜距-

高程坐标系,为了有效的评估仿真结果,避免插值引起的误差,试验采用稀疏阵对应的满阵成像结果作为参考。为了显示更为直观,成像结果为转换至方位-斜距-高度坐标系。显示结果采用等幅度面显示,幅度门限为 0.3。

均方根误差(mean squared error,MSE)和图像熵用来评价重建图像的质量。MSE 定义见式前述章节,图像熵表述了图像的对比度,对比度强的图像熵更小,图像熵的定义为

$$\text{Entropy} = -\sum_{i=0}^{M} p(i)\log_2(p(i)) \tag{8.22}$$

其中;$p(i)$ 为每一个灰度级的概率;M 代表灰度级数,在我们的试验中灰度级数被设置为 $M=256$。

2. 仿真场景重建

为比较稀疏阵列侧视三维成像的性能,仿真以由均匀布设的 13 个子阵构成的满阵天线成像结果作为比较对象。

仿真中稀疏阵列的设计包括三种阵型,分别为阵列 1[1010111010101]、阵列 2[1001011101001]和巴克码阵列[1111100110101]。阵列 1 和 2 分别对应等间隔一倍稀疏采样和两倍稀疏采样的情况,为了形成信号重构所需的三个连续子阵(三维成像最小阵列结构),在每组等间隔采样阵列中分别加入了一个和两个子阵。巴克码阵列主要用于实现在空间的随机稀疏采样,在仿真过程中,使用其中的 5 个连续子阵信号进行重构处理。

在使用 CS 方法进行成像处理的同时,8.3 节中基于低通处理的方法也被用来做比较试验,记为 LP 方法。LP 方法的归一化低通带宽为 1/16。

仿真中在空间域三个方向的分辨率分别为方位向 $\rho_a=0.15$m,距离向 $\rho_r=0.375$m,高程向 $\rho_s=1.45$m。其他的参数见表 8.3。

表 8.3　仿真参数

参数	数值	参数	数值
载频/GHz	35	平台速度/(m/s)	50
PRF/Hz	600	平台高度/m	500
入射角/(°)	35	等效相位中心间距/m	0.15

图 8.26(a)显示了仿真的地面真实场景,图 8.26(b)为满阵对真实仿真场景的结果图,它被用作稀疏阵列成像的参照。如图显示,仿真场景包含一个高度 3m 半径 5m 的圆锥和一个高度 2m 半径 1m 的圆柱。

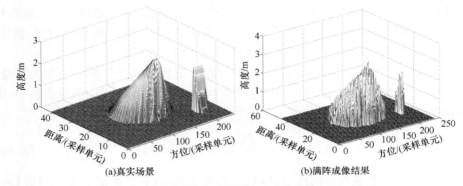

(a)真实场景　　　　　　　　　　　　　(b)满阵成像结果

图 8.26　真实场景和 13 个子阵构成的满阵天线成像结果

图 8.27～图 8.29 分别显示了阵列 1、阵列 2 和巴克码阵列对场景的成像结果,其评价结果显示在表 8.4。

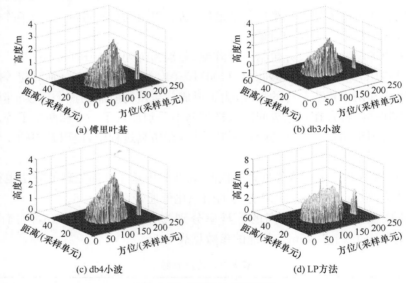

(a) 傅里叶基　　　　　　　　　　　　(b) db3小波

(c) db4小波　　　　　　　　　　　　(d) LP方法

图 8.27　阵列 1 成像结果

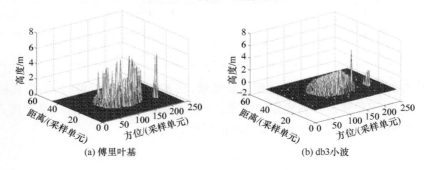

(a) 傅里叶基　　　　　　　　　　　　(b) db3小波

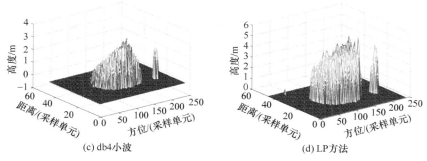

(c) db4小波　　　　　　　　　　　　　(d) LP方法

图 8.28　阵列 2 成像结果

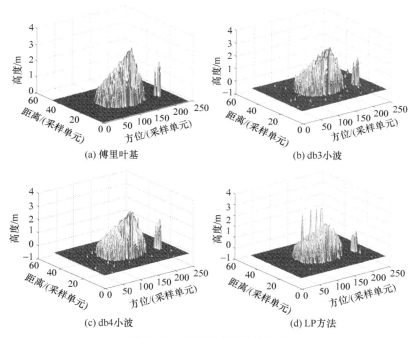

(a) 傅里叶基　　　　　　　　　　　　　(b) db3小波

(c) db4小波　　　　　　　　　　　　　(d) LP方法

图 8.29　巴克码阵列成像结果

表 8.4　仿真试验结果评价

阵列		傅里叶基	db3 小波	db4 小波	LP 方法	满阵图像
阵列 1	图像熵	5.1350	4.6656	4.6430	6.0053	4.3428
	MSE	0.0032	0.0026	0.0025	0.0106	—
阵列 2	图像熵	5.1868	4.7387	4.7018	6.1224	4.3428
	MSE	0.0036	0.0027	0.0025	0.0133	—
巴克码阵列	图像熵	4.6509	4.2230	4.4831	5.5183	4.3428
	MSE	0.0025	0.0022	0.0022	0.0051	—

　　评价结果显示了基于 CS 的方法可以获取和满阵相同的成像效果。而且该方法能获得比 LP 方法更好的图像重建质量。由于小波字典能比傅里叶基更稀疏和有效的表示图像,小波基的重建图像质量优于傅里叶基。比较巴克码阵列和阵列1,在孔径数大致相同时,随机稀疏采样显示出了优于等间隔稀疏采样的效果,这为交轨向的稀疏阵列布局提供了更为有利的条件。

　　由于阵列 2 的采样数少于阵列 1,阵列 2 的成像质量均差于阵列 1,一些图像有一定程度高副瓣的影响。图 8.28(c)显示了在 db4 小波基下,重建的图像质量依然可以接受,说明正确的选择字典使图像能更稀疏的表示,是正确重建图像的关键。

　　基于多孔径阵列 SAR 信号变换域的稀疏性,本节采用 CS 方法研究了连续场景的侧视三维成像问题,仿真试验证实了本节方法的有效性。

8.5　小　　结

　　本章主要研究了高度稀疏阵列的孔径综合和对地成像处理问题。基于双波段信息和切趾处理技术,本章首先研究了高度稀疏阵列 SAR 孔径综合问题,仿真表明通过双波段频率信息综合处理和密集多子阵信号 DBF 处理实现的孔径方向图加权,高度稀疏阵列可获得全阵尺寸决定的分辨率,其旁瓣较高的影响可得到较好抑制。

　　对连续变化场景,本章研究了高度稀疏阵列 SAR 侧视三维成像问题。在交轨多孔径阵列观测结构条件下,采用信号重构处理使 SAR 复信号在频域和变换域具备稀疏性,分别采用低通处理和 CS 方法实现稀疏降采样下的侧视三维成像。仿真结果表明了所提方法的有效性。

参 考 文 献

[1] Carrara W G, Goodman R S, Majewski R M. Spotlight synthetic aperture radar signal processing algorithms [M]. Boston: Artech House, 1995.

[2] She Z, Gray D A, Bogner R, et al. Three-dimensional space-borne synthetic aperture radar (SAR) imaging with multiple pass processing[J]. International Journal of Remote Sensing, 2002, 23(20): 4357-4382.

[3] 彭学明, 王彦平, 谭维贤, 等. 基于跨航向稀疏阵列的机载下视 MIMO 3D-SAR 三维成像算法[J]. 电子与信息学报, 2012, 34(4): 943-949.

[4] Fornaro G, Serafino F, Soldovieri F. Three-dimensional focusing with multipass SAR data [J]. IEEE Transactions on Geoscience and Remote Sensing, 2003, 41(3): 507-517.

[5] 叶荫, 刘光炎, 孟喆. 机载下视稀疏阵列三维 SAR 系统及成像[J]. 中国电子科学研究院学报, 2011, 6(001): 96-100.

[6] 滕秀敏，李道京. 机载交轨稀疏阵列天线雷达的下视三维成像处理[J]. 电子与信息学报，2012，34(6)：1311-1317.

[7] Zhu X X, Bamler R. Very high resolution spaceborne SAR tomography in urban environment [J]. IEEE Transactions on Geoscience and Remote Sensing，2010，48(12)：4296-4308.

[8] Cumming I G, Wong F H. Digital Processing of Synthetic Aperture Radar Data: Algorithms and Implementation [M]. Norwood, MA: Artech House, 2005.

[9] Li L C, Li D J, Liu B, et al. Three-aperture inverse synthetic aperture radar moving targets imaging processing based on compressive sensing[C]. The 8th IEEE International Symposium on Instrumentation and Control Technology (ISICT 2012). London, UK, 2012:210-214.

[10] Hou X, Yang J, Jiang G, et al. Complex SAR image compressionbased on directional lifting wavelet transform with high clusteringcapability [J], IEEE Transactions on Geoscience and Remote Sensing，2013，51(1)：527-538.